やさしい 電子工作

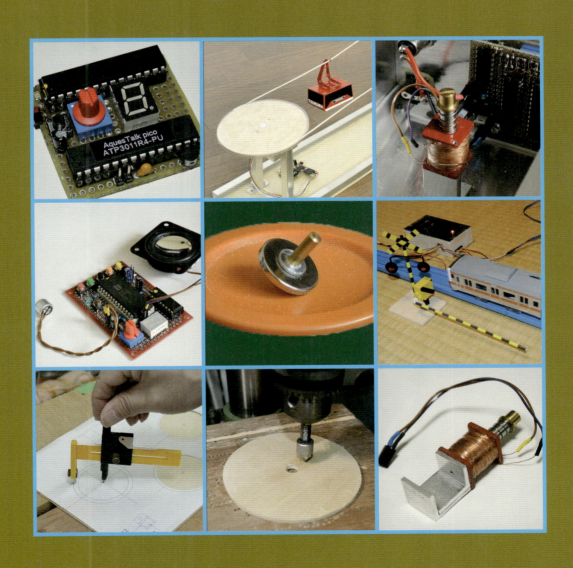

はじめに

　工作をすることの目的は、大きく分けると、次の2つだと言えます。

・自らテーマを決めて、新しいものを創造する力を養う。
・工作をする過程で、道具の使い方を覚え、手先の器用さを身に付ける。

　しかし、テーマを自分で考えることは簡単ではありません。
　また、最近では自らの手で「何かを作る」という実体験が減ってきていることは、たいへん残念なことです。

　そこで、本書では、電子回路だけで動作するもの、マイコンを使って制御するものなど、12種類の電子工作の例を紹介します。

　どの工作例も製作にかかる費用を最小限にすることを目指し、安いものでは「500円」程度でできるものもあります。
　100円ショップなどで購入した製品を改造するようなものもありますが、市販の製品を自分に合うように改造するということも、材料を最初から加工して製品を作るのと同じぐらい重要な要素が含まれています。
　また、加工に「旋盤」を使うなど、多少難しい部分や解説の足りない部分があるかもしれないので、加工方法などの詳細については、私の拙著「やさしいロボット工作」(工学社刊)も参照してください。

　また、本書は単に工作をするための「How to本」ではなく、その工作を通して、電子回路の基本やプログラムについても説明しているので、それらの知識も身につくでしょう。
　この本が、工作の幅を広める一助になれば幸いです。

神田　民太郎

やさしい 電子工作

CONTENTS

はじめに ……………………………………………………………………………… 3
「サンプルプログラム」「回路図」「設計図」「部品表」のダウンロード ……………… 6

第1章　電子ごま　7

オリジナル「電子ごま」の仕組み ……………… 8
部品表と回路図 ………………………………… 9
回路の作成 …………………………………… 10
「こま」を回すステージ ……………………… 11
コイルを巻く ………………………………… 12
「ホール素子基板」と「コイル」の取り付け …… 12
「こま」を作る ………………………………… 13
ダブルドライブ回路 …………………………… 14

第2章　音声の「録音／再生」ボード　プログラム　16

「録音／再生用」のIC ………………………… 17
回路図（スタンドアロン使用） ……………… 17
回路製作 ……………………………………… 18
使い方 ………………………………………… 19
複数の録音を自由に選択して再生する
　　　　　　　　（マイコン制御簡易版） …… 20
プログラム …………………………………… 22

第3章　音声合成再生機　プログラム　23

「SPIシリアル通信」を使う …………………… 23
基本プログラム ……………………………… 28
「SPI通信」によるATP3011の制御 …………… 31
制御プログラム ……………………………… 33

第4章　「スピーカーBOX」と「アンプ」　36

NJM386を使ったオーディオ用アンプ ……… 37
スピーカーBOX ……………………………… 38
バッテリー …………………………………… 39

第5章　ロープウェイ　プログラム　41

「ロープウェイ」の駆動に使うモータ ………… 41
「ステッピング・モータ」の駆動方法 ………… 42
回路図 ………………………………………… 44
「ステッピング・モータ」の駆動プログラム …… 45
「ステッピング・モータ」（大電流型）の駆動方法 …… 46
「ステッピング・モータ」（大電流型）の
　　　　　　　　駆動プログラム ………… 48
「ロープウェイ」の製作 ……………………… 49

第6章　踏切遮断機　プログラム　62

「サーボ」の概要 ……………………………… 62
「サーボ」をコントロールするための信号 …… 63
「サーボ」駆動の基本回路と、必要な部品 …… 64
「マイコン」の基本プログラム ……………… 66
「基本回路」と「基本プログラム」における、
　　　　　　　　「サーボ」の動作確認 …… 67
「踏切の遮断機」に応用 ……………………… 67
制御プログラム ……………………………… 72
「遮断機」本体の作成 ………………………… 79
電車の接近を感知する「センサ」の取り付け … 86

CONTENTS

 プログラム は、プログラムを使った工作です。

第7章　「赤外線光線銃」の射的　88

「電球」と「LED」の違い……………………… 89
製作する「光線銃」の原理 …………………… 90
回路図 …………………………………………… 92
「BB弾ピストル」の改造 ……………………… 93
「光線銃」の標的 ……………………………… 96

第8章　侵入者探知機　102

「人感センサ・モジュール」の最も簡単な使い方 …… 102
応用的な使い方 ………………………………… 103
侵入者探知機 …………………………………… 104
プログラム ……………………………………… 105

第9章　RGB反射神経ゲーム　107

押しボタンスイッチ …………………………… 107
ゲームの仕様 …………………………………… 108
回路図 …………………………………………… 108
プログラム ……………………………………… 111
「ケース」の作成 ……………………………… 119

第10章　電子金庫　122

「2進数」と「10進数」 ………………………… 124
「DIPロータリースイッチ」と「2進数」 …… 125
「DIPロータリースイッチ」を使った回路 …… 127
「金庫」本体 …………………………………… 131
「キーシャフト」と「キー駆動コイル」 ……… 133
「電磁石コイルボビン」の作成 ……………… 133

第11章　「RGBドットマトリクスLED」を使った「カラードット・クロック」　140

「単色ドットマトリクスLED」を点灯させるための基本 …… 140
「RGBドットマトリクスLED」を点灯させるための基本 …… 142
利用する「RGBドットマトリクス」の個数 …… 143
「マイコン」を使って点灯させる ……………… 144
74HC373（ラッチ）の使い方 ………………… 145
部品表 …………………………………………… 146
回路図 …………………………………………… 147
「RGBドットマトリクス」の実装基板 ………… 148
テスト表示プログラム ………………………… 149
「カラードット・クロック」のプログラム …… 153
ケース …………………………………………… 162
使い方 …………………………………………… 162

第12章　ラーメンオブジェ　163

製作に使う「どんぶり」 ……………………… 163
製作に使う「モータ」 ………………………… 163
「ステッピング・モータ」のドライバ回路 …… 164
PIC12F629プログラム ………………………… 166
「どんぶり」の加工 …………………………… 167

索引 …… 174

「サンプルプログラム」「回路図」「設計図」「部品表」のダウンロード

本書に掲載している「サンプルプログラム」は、工学社ホームページのサポートコーナーからダウンロードできます。

＜工学社ホームページ＞

http://www.kohgakusha.co.jp/

ダウンロードしたファイルを解凍するには、下記のパスワードを入力してください。

374QpWFkiScK

すべて「半角」で、「大文字」「小文字」を間違えないように入力してください。

また、サポートページには、大きい図面の「回路図」「設計図」、詳細な「部品表」も用意してあります。併せて参考にしてください。

部品の主な購入店について

本書で使っている主な部品は、以下の店舗から購入できます。

- 秋月電子通商（http://akizukidenshi.com/catalog/default.aspx）
- マグファイン（http://www.magfine.co.jp/）
- aitendo（http://www.aitendo.com/）
- 電線ストア（http://www.densen-store.com/）
- 樫木総業（http://www.kashinoki.co.jp/）
- MonotaRO（http://www.monotaro.com/）

●各製品名は登録商標または商標ですが、®およびTMは省略しています。

第1章

電子ごま

製作費 約500円

リング型の「ネオジム磁石」を使って、勢いよく回転し続ける「こま」を作ります。
「プリン」のカップを使うなど、「こま」を回すステージ(台座)を変えることで、市販の「永久ごま」以上に迫力のある「こま回し」を体験できます。

★**学習する知識**
電磁石コイルの製作、ホール素子

　子供のころ、「永久ごま」という商品の「こま」が販売されて、非常に興味をもちました。
　しかし、子供には高嶺の花の感があり、購入することはできませんでした。
　当時は「電池を用いた何らかの仕掛けがあるのだろう」とは思いましたが、そのうちに興味がなくなり、忘れ去ってしまいました。

市販されている「永久ごま」

　最近、「地球ごま」のタイガー商会が、その長い販売の歴史に幕を下ろすというニュースを聞いて、「永久ごま」にも再び興味が湧いて、購入してみることにしました。

地球ごま

第1章　電子ごま

　価格は1,380円と、今、思えば、「そんなに高いものではなかったんだ！」という値段でした。購入した商品は中国製で、中を開けてみると、コイルがメイン部品の、なんともシンプルな作りです。

　トランジスタは1個使っているものの、電子工作ではポピュラーな**2SC1815**。

　思わず、「何だ、こんな簡単な作りなら、買うまでもなく、自分でも作れたな！」と思いました。

　しかし、それが間違いであることにすぐ気づきました。

　理由は、コイルの巻き数がとてつもなく多かったことです。

　コイルに使っていた「ポリウレタン線」の太さは、「センサ用」のコイルが0.09mm、こまのドライブ間コイルが0.12mmと非常に細い線でした。

　それぞれのコイルの抵抗値からすると、センサ用のコイルは、6000～7000回、ドライブ用のコイルでも3000回ぐらいは巻いてあるようでした。

　細い線でこれほどの回数のコイルを巻くには、コイル巻き機を使ったとしても相当の時間を要しますし、あまりにも細い線なので、巻いている途中で線が切れることがあるかもしれません。

　こんなに大変なコイル作りの作業をしないで、なんとかオリジナルの「永久ごま」を作れないかと試行錯誤を繰り返しました。

　結局、市販品以上に迫力のある「電子ごま」を完成させることができました。しかも、製作費は市販品の半額以下の500円程度です。

　特に入手困難な部品はありませんし、製作上で難しい点もありません。

オリジナル「電子ごま」の仕組み

　既製品の「永久ごま」は、「フェライト磁石」が入った「こま」を回すことで、6000～7000回巻かれた磁気を検知するコイルが反応し、それをトリガーとして3000回ほど巻かれた「こま」をドライブするためのコイルに電流が流れ、「こま」に回転力を与えています。

　「磁石」である「こま」のS極、N極を検知する方法としては、よく使われるものに、次の3つのパーツがあります。

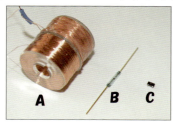

A：コイル、B：リードスイッチ、C：ホール素子

「コイル」は、既製品の「永久ごま」に使われています。

　また、「リードスイッチ」もネットなどに掲載されている「永久ごま」には、よく使われているようです。

　ただ、「リードスイッチ」は、磁石のN極にもS極にも、同じように反応します。

　今回製作した「電子ごま」では、「磁気」の検知には、半導体の「ホール素子」を使うことにしました。

　このパーツは、1個20円（秋月電子）～50円（aitendo）程度の安価な部品です。

　しかし、N極、S極を個別に検知できますし、市販品のような、とてつもない巻き数の「磁気検知用コイル」をまったく

作らなくてすみます。

ただ、このパーツを機能させるためには、「オペアンプ」を使った、簡単な電子回路が必要です。

そして、この「ホール素子」で磁気を検知し、「トランジスタ」の先に「駆動用のコイル」を付けて、「こま」に回転力を与えます。

「駆動用のコイル」も市販品ほどたくさんの回数を巻く必要はなく、100円ショップで9個入り100円（ダイソー）で売っている、「ミシン用のボビン」に、0.3mmの「ポリウレタン線」を、450回ほど巻けば、完成です。

1個11円のミシン用ボビン

部品表と回路図

では、必要な部品と回路図を示します。

「電子ごま」駆動回路の主な部品表

部品名	型番等	必要数	単価(円)	金額(円)	購入店
NPNトランジスタ	2SC1815	1	5	5	秋月電子
オペアンプ	LM358	1	20	20	〃
ホール素子	HG-166A	1	20	20	〃
1kΩ抵抗		3	1	3	〃
680kΩ抵抗		1	1	1	〃
22〜47Ω抵抗		1	1	1	〃
高輝度LED（色は自由）	φ3mm	1	20	20	〃
単3電池BOX	3本用	1	60	60	〃
単3電池アルカリ電池		3	25	75	〃
コイルボビン	ポリカーボネート製	1	11	11	ダイソー
0.3mmポリウレタン線	約25m	25	2.3	58	電線ストア
ネオジム磁石（直径方向磁化）	外形15mm、内径6mm、厚さ2mm	1	130	130	マグファイン
			合計金額	404	

第1章　電子ごま

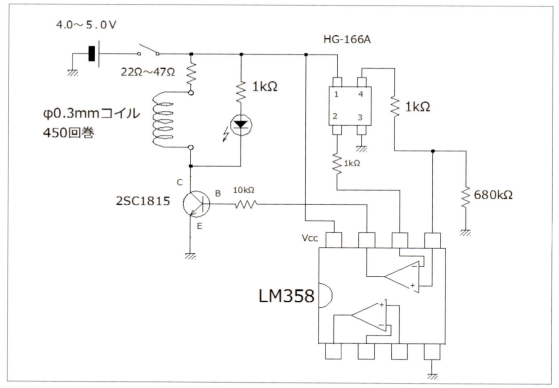

「電子ごま」回路図（シングルドライブ）

回路の作成

　回路図はそれほど難しいものはありませんが、まず「ホール素子」を基板にハンダ付けします。

　使う基板は、使う量がわずかなので部品表には入れませんでしたが、「1.27mmピッチのユニバーサル基板」でいいでしょう。

　「ホール素子」は、米粒よりも小さいため、ピンセットなどでつまんだときに弾き飛ばして失くさないように注意します。

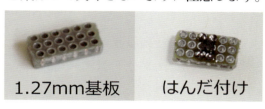

「1.27mmピッチ基板」に「ホール素子」(HG166A)をハンダ付け

　この、**HG166A**の端子は、次の図を参考にしてください。

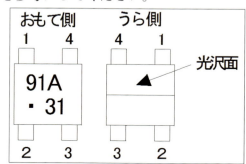

ホール素子詳細図面

　この「ホール素子」は、「型番」のある側に4つの端子が近い位置で出ているので、基板にハンダ付けするときは、「型番」側を底にして付けることになります。

　ハンダ付けすると、「型番」が見えなくなるので、「端子番号」を間違えないようにしてください。

　ポイントは、「ホール素子」の裏側にも、

「こま」を回すステージ

光沢のある面とそうでない面があるので、これを手掛かりに区別します。

「ホール素子」を基板にハンダ付けしたら、4本の「リード線」を出します。
「1番」は「＋」なので赤い線で、「3番」は「－」なので黒い線を使い、「2番」と「4番」はそれ以外の色（青とか緑など）にすると分かりやすいでしょう。

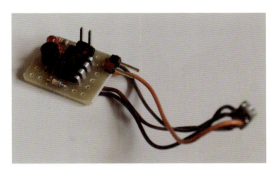

完成した基板に「ホール素子基板」をつけたところ

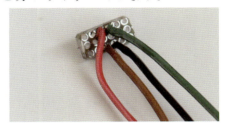

完成した「ホール素子基板」

「こま」を回すステージ

「電子こま」を回すときに重要な要素となるのが、「こま」を回す「ステージ」（台座）です。

「ステージ」が単なる平面だと、「こま」がコイルのある中心に寄ってくれずに、止まってしまいます。

理想的な「ステージ」の形状は次の図のように、中心が凹んでいて、「すり鉢型」になっていることです。

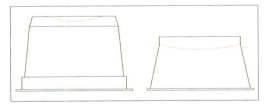

ステージの形状

このような、「すり鉢型」になっている器を100円ショップで探したのですが、適当なものが見つかりませんでした。

結局、市販の「プリン」などのカップに理想的なものが見つかり、それを使うことにしました。

現在、使えるものとして確認しているところでは、
①プリン(kobe)
②超BiGプリン(明治)
③Caffe Latte(森永)
などです。他にも、既成品の飲み物などで適当なものがあるかもしれません。探してみてください。

左から①、②、③

第1章　電子ごま

コイルを巻く

次に、コイルを巻きます。

巻く方法は自由です。私は、「コイル巻き機」を使いましたが、手で巻いても、10分〜15分程度で巻けます。

手で巻くときは、「コイルボビン」を割り箸に通して巻きます。「0.3mmのポリウレタン線」をボビンの外側まで、いっぱいに巻きます。

巻き数は「450回」程度になると思いますが、特に数える必要はありませんし、太さも0.26mmとか、0.32mmとかでもかまいません。

巻き終わったら、線が解けないように、周りに接着材を塗って固めます。

コイルと直列に22Ω〜47Ωの「抵抗」を入れますが、巻き数が多くなる場合は、抵抗値を下げてもかまいません。

「抵抗」を入れないと激しく回りますが、電池の消耗が速くなります。

「コイル巻き機」で巻いているところ

巻き終わって完成したコイル

「ホール素子基板」と「コイル」の取り付け

最後に、「ホール素子基板」と「コイル」を取り付けます。

「コイル」を取り付ける位置は、「ステージの中心」です。

また、「ホール素子基板」は、次の図のように、「コイルの中心から1cm程度離した位置」に取り付けますが、それほどシビアではありません。

いずれも、セロハンテープで固定するだけです。

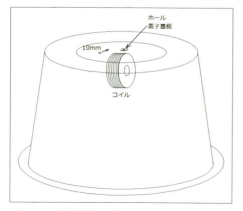

「ホール素子基板」と「コイル」の取り付け位置

実際に取り付けたところ

「こま」を作る

最後に「こま」を作ります。

「こま」は、①ネオジムリング磁石、②フランジ、③シャフト——の3つで出来ています。
そのうち自作しなくてはいけないのが、②、③です。

＊

まず、②を作ります。
今回「こま」にする「ネオジム磁石」は、径方向で左右にN極、S極になっている、特殊なものを使います。
この磁石は、以下のところで購入することができます（1個130円程度）。

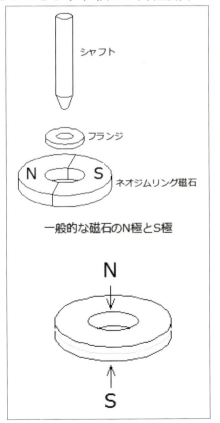

本書で使う「ネオジムリング磁石」と「一般的な磁石」の違い

<（株）マグファイン>
http://www.magfine.co.jp/

＊

一般的な磁石では、径方向ではなく、長さ方向の上下がN極、S極になっています。

また、「ネオジムリング磁石」の内径は「6mm」で、このまま「こま」の軸にするには太すぎます。

そこで、「φ（直径）3mm」の軸を入れることができるように、「外径6mm、内径3mm」のフランジを作ります。

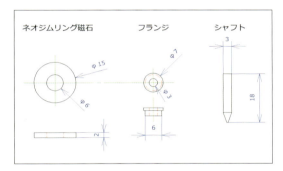

それぞれの寸法

「フランジ」は、「φ7mmのアルミ棒」を旋盤で図面のように削って作ります。
「φ6mmのアルミ棒」の中心に「3mm」の穴を開けるというのは、簡単にできそうですが、たいてい中心がズレてしまうので、「旋盤」がないと難しいかもしれません。

「旋盤」がない場合は、「φ6mmのアルミパイプ」（内径4mm）に、「φ4mm（内径3mm）の真鍮パイプ」を通すなどして、最終的に「3mmのシャフト」をそれに通すなど、多少の工夫が必要になります。

＊

「フランジ」と「シャフト」が出来たら、それぞれを「ネオジムリング磁石」に接着します。

第1章　電子ごま

このとき、「シャフト」を何mm出すかで、こまの回り方は大きく変わってきます。

どれぐらい出すと、どのような回り方になるかは、いろいろと試してみてください。

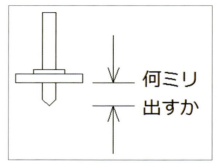

「シャフト」を何㎜出すかで、こまの回り方は変わる

ダブルドライブ回路

ここまでの説明では、「ホール素子」が「こま」の磁極の、どちらか一方の極（N極またはS極）を感知したときに、「コイル」に「こま」が加速するように電流を流していました。

つまり、もし「N極」を感知して電流を流したとすると、「S極」を感知したときには、「コイル」に電流は流していません。

これでも、「こま」は充分に加速するのですが、さらに「S極」を感知したときにも、適正な電流を流してやれば、もっと加速します。

つまり、「コイル」に流す電流を単純にオンオフするのではなく、「N極」を検知したときと、「S極」を検知したときでコイルに流す電流の「＋」と「－」を切り替えてやるわけです。

LM358には、2つの「オペアンプ」が入っているので、2つとも使うことで、「N極」「S極」両方の検知ができます。

「コイルの＋－」の切り替えは、「FETのフル・ブリッジ」を使います。

使う「FET」は、**2SK4017**（N型）と**2SJ681**（P型）で、いずれも、1個30円〜40円（秋月電子）と安価なものですが、「5A」の電流を流せる「パワーMOS-FET」です。

回路図は、次のとおりです。

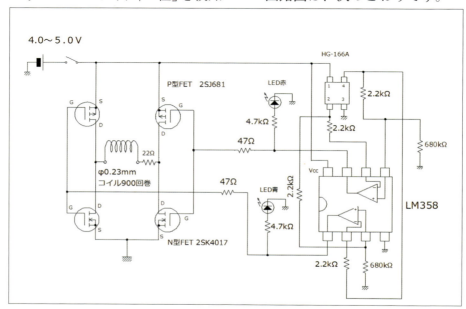

「電子ごま」回路図（ダブルドライブ）

ダブルドライブ回路

「電子ごま」駆動回路(ダブルドライブ)の主な部品表

部品名	型番等	必要数	単価(円)	金額(円)	購入店
N型FET	2SK4017	2	30	60	秋月電子
P型FET	2SJ681	2	40	80	〃
オペアンプ(DIPタイプ)	LM358N	1	20	20	〃
ホール素子	HG-166A	1	20	20	〃
2.2kΩ抵抗		4	1	4	〃
4.7kΩ抵抗		2	1	2	〃
680kΩ抵抗		2	1	2	〃
22Ω抵抗		1	1	1	〃
47Ω抵抗		2	1	2	〃
高輝度青色LED	φ3mm	1	20	20	〃
高輝度赤色LED	φ3mm	1	20	20	〃
単3電池BOX	3本用	1	60	60	〃
単3電池アルカリ電池		3	25	75	〃
コイルボビン	ポリカーボネート製	1	11	11	ダイソー
0.23mmポリウレタン線	約44m	44	1.3	57	電線ストア
ネオジム磁石(直径方向磁化)	外形15mm、内径6mm、厚さ2mm	1	130	130	マグファイン
			合計金額	564	

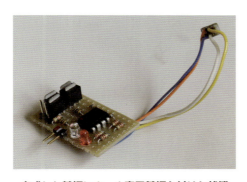

完成した基板にホール素子基板を付けた状態

コイルの巻き数は「0.23mm」の線の場合は、「800～900回」程度です。

線の太さを細くしたのは、「コイル抵抗」を増やすためですが、「シングルドライブ」のときに作った「0.3mm－450回巻き」のものを使っても問題はありません。

＊

製作にかかるコストは、「シングルドライブ」と比較して、ほんのわずか増えるだけですが、回転はすさまじいものになります。迫力のある「電子ごま」を作りたいときは、こちらの回路で作るといいでしょう。

※「こま」がステージからハミ出して飛んでくる危険性があるので、回っている「こま」には顔を近づけないように注意。

なお、「コイル」と直列に入れる抵抗(22Ω～75Ω程度)は、必ず用意してください。
(入れなくても、回路やコイルが破損するようなことはありません)。

また、回路にある「LED」は、それぞれ、「N極」を感知したときと「S極」を感知したときで別々に点灯するので、回路をチェックするときに役立ちます。

第2章 音声の「録音／再生」ボード

プログラム　製作費　約950円

録音した「声」や「音」を、何度でも簡単に再生できる、応用範囲の広い「PCM録音／再生」ボードを作ります。

★学習する知識
「PCM録音」と電子工作

　私は、1960年生まれです。
　物心がついて音楽を聞き出したころのオーディオ機器と言えば、「レコード・プレイヤー」でした。
　しかし、好きな音楽のレコードを買うことも、そう簡単ではありませんでした。お小遣いが少なかったからです。
　かと言って、テレビやラジオの音楽番組を録音することも簡単にはできませんでした。
　1960年代に録音をするためには、今ではほとんど見掛けることのなくなった、「オープンリール式のテープレコーダー」を使うしかありませんでした。

　その後、1970年代に入ると、「カセットテープレコーダー」が主流の時代になり、それが「CD」になり、「MD」になり、ついに今日では、「半導体メモリ」になりました。もちろん、アナログではなく「PCMデジタル」です。
　「カセットテープ」や「MD」「CD」などはいずれも、モータを使ったメカニカルな部分があるのとは対照的に、現在の音を録音する装置には、メカ部分は存在しません。すごい時代になったものです。

＊

　この章では、短時間ですが高音質で音を録音して再生できる音声の「録音／再生」ボードを作ってみることにします。
　専用の「IC」を使うので、単体で使うだけなら簡単に、しかも安価に製作できます。
　また、この「録音／再生」ボードを取り入れた工作も、この後の章に出てきます。参考にしてください。

回路図（スタンドアロン使用）

「録音／再生用」のIC

今回使う「専用IC」は、Nuvoton Tecynology 社の **ISD1730** というものです。

これは、aitendo（http://www.aitendo.com/）で1個250円で売られています。

また、秋月電子では、同じような「専用IC」の **APR9600** というものが580円で売られていますが、こちらは、「高音質モード」（周波数は不明）で30秒録音できます。

しかし、複数の録音を行なって、それらを任意に選択して再生することはできないようです。

＊

ISD1730 では、「最高音質モード」（周波数は12000Hz）で15秒の録音、「高音質モード」（8000Hz）で30秒の録音が可能です。

時間内で複数の録音を行なって、任意に選択再生することも可能です。また、音量の調整もできます。

どちらのICも、「DIP28ピンタイプ」のICです。

＊

今回は、価格も安い **ISD1730** を使った回路を紹介します。

回路図（スタンドアロン使用）

次の回路図は、ICのメーカ Nuvoton Tecynology 社が公表しているものをICのピン配置の順に書き直したものです。

回路図では、「録音／再生」の周波数を最高音質の「12000Hz」に設定しているので、「20番ピン」に付ける抵抗値を「53kΩ」にします。

しかし、「53kΩ」の抵抗というのは、あまりポピュラーではないため、「47k＋6.8k＝53.8kΩ」で代用していますが、これで特に問題はありません。もちろん、「22k＋33k＝55kΩ」などでもかまいません。

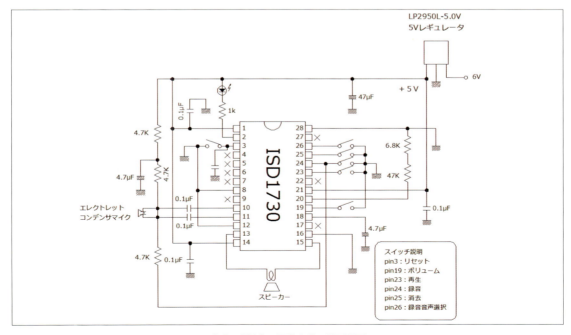

音声の「録音／再生」ボード回路図

第2章 音声の「録音／再生」ボード

音声録音／再生ボード回路　主な部品表

部品名	型番等	必要数	単価(円)	金額(円)	購入店
音声録音・再生IC	ISD1730	1	250	250	aitendo
28PIN丸ピンICソケット	600mil	1	60	60	秋月電子
低損失5Vレギュレータ（100mA）	LP2950L-5.0V	1	20	20	〃
エレクトレット・コンデンサマイク		1	50	50	〃
スピーカー	8Ω	1	80	80	〃
電解コンデンサ	4.7μF　16V以上	2	10	20	〃
電解コンデンサ	47μF　16V以上	1	10	10	〃
積層セラミックコンデンサ	0.1μF　50V	6	10	60	〃
1kΩ抵抗		1	1	1	〃
6.8kΩ抵抗		1	1	1	〃
47kΩ抵抗		1	1	1	〃
4.7kΩ抵抗		3	1	3	〃
LED（色は自由）	φ3mm	1	10	10	〃
パワーグリッド・ユニバーサル基板	両面スルーホール 72mm×47mm	1	140	140	〃
タクトスイッチ	赤・緑・黒・黄色・オレンジ・茶色	6	10	60	〃
単3電池BOX	4本用	1	80	80	〃
単3電池アルカリ電池		4	25	100	〃
			合計金額	946	

回路製作

今回の回路製作には、秋月電子で最近売り出した、「パワーグリッド・ユニバーサル基板」を使ってみました。

この基板は、普通の2.54mmピッチのユニバーサル基板に、電源の「＋」「－」のラインが2.54mmピッチの間に縦横に張り巡らされていて、どの穴からも、すぐに「＋」または「－」に接続できます。

これは、使ってみると大変便利な基板で、空中配線が激減して、スッキリと配線できます。

空中配線が減るぶんだけ、手間も省け一石二鳥の超便利基板で、一度使うと、通常の基板を使う気にならなくなります。

ただし、2.54mmピッチの間に「＋」ラインと「－」（グランド）ラインがすべて配置されているので、ハンダ付けの際に不必要にそれらの端子と接触しないように注意が必要です。

先の細いハンダごて先を使うなど、多少なりともハンダ付けの高度な技術が必要です。

ハンダ付け後は接触がないか、ルーペなどで充分に確認してください。

使い方

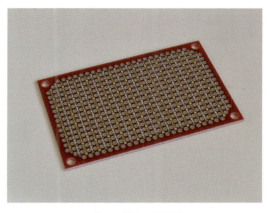

パワーグリッド基板

10倍ルーペ

使い方

「ボタン」には、
①リセット
②ボリューム
③再生
④録音
⑤消去
⑥音声選択

の5つがあります（**p.17**の回路図参照）。
＊

　回路が完成したら、「マイク」「スピーカー」を付けて、電源を入れます。

　そして、④の「録音ボタン」を押したままにして、マイクに向かって録音したい音を入れます。

　録音をやめる場合は、ボタンを離すだけです。

　③の「再生ボタン」を押すと、録音した音を再生します。

　最初は音量がMaxになっているので、絞る場合は、②の「ボリュームボタン」を数回押します。

　1回押すごとに音量は下がっていきます。

　再び④を押して録音をすると、録音残量がある限り、「2つ目のパターン」として録音されます。

　これら録音したデータは、電源を切っても消えません。

　同様にして、3つ目、4つ目のパターンと録音していくことができますが、それらのトータル時間は、「最高音質」（12000Hz）で録音した場合は、「15秒」です。

　つまり、「15秒」に達するまで、録音することができます。

　複数のパターンを録音した場合、パターンの選択をするのが、⑥の「音声選択」です。

　電源投入時は必ず最初のパターンからの再生になるので、たとえば「4つ目のパターン」を再生したい場合は、⑥を3回押してから、③を押します。

　⑤の「消去ボタン」を押すと、新しく録音したものから消去されていきます。

　長押しすると、すべての録音を消すことができます。

第2章 音声の「録音／再生」ボード

複数の録音を自由に選択して再生する（マイコン制御簡易版）

「スタンドアロン」では、複数の録音データを任意に選択して再生するのは実用的ではありません。

そこで、「マイコン」（**PIC16F628A**）を使って、あらかじめダイヤルで選択したパターンを再生できるようにしてみます。

回路図は、次ページのとおりです。

*

回路図の右側半分に「マイコン」や「DIPロータリースイッチ」「7セグメントLED」が追加されています。

「DIPロータリースイッチ」を回すことで、複数のパターンを録音している場合、「7セグメントLED」に表示された数字パターンの録音が再生されます。

複数パターンの録音をする場合、1回の録音時間を1秒程度とすると、20パターンは登録できる計算になりますが、「DIPロータリースイッチ」が16パターンまでしか選択できないので、その範囲に制限されます。

また、**ISD1730**がもつ「SPI」（シリアルデータ通信）制御の機能は使っていません。

実に原始的な方法で、「タクトスイッチ」部分に「マイコンのポート」をつないで、スイッチを指で押す代わりに、マイコンからの負論理信号を送っただけのものです。

これでも、機能はするのですが、この方法の難点は、「スイッチを1回押すオペレーション」に「0.4秒」程度を要していることです。

プログラム的には、当然「1／1000秒」程度でもできるのですが、「スタンドアロン」モードでは、それを許していないようです（チャタリング防止のためかもしれません）。

「0.4秒」は、大した時間ではないように思えますが、たとえば、5番目の録音を指定したときは、「0.4秒×5」の時間を要してしまいます。

これが何とも違和感がありますが、今回はここまでにしておきます。

この方法に満足できなかった方は、「SPI制御」に挑戦してみてください。

マイコンなどを追加した「ISD1730基板」

音声の「録音／再生」ボード（マイコン制御簡易版）の主な追加部品表

部品名	型番	必要数	単価(円)	金額(円)	購入店
マイコン	PIC16F628A	1	200	200	秋月電子
18PIN 丸ピンICソケット		1	40	40	〃
積層セラミックコンデンサ	0.1μF 50V	1	10	10	〃
10kΩ抵抗		4	1	4	〃
330Ω抵抗		7	1	7	〃
7セグメントLED（色は自由）	アノードコモン	1	40	40	〃
DIPロータリースイッチ	0～F 負論理	1	150	150	〃
			合計追加金額	451	

複数の録音を自由に選択して再生する（マイコン制御簡易版）

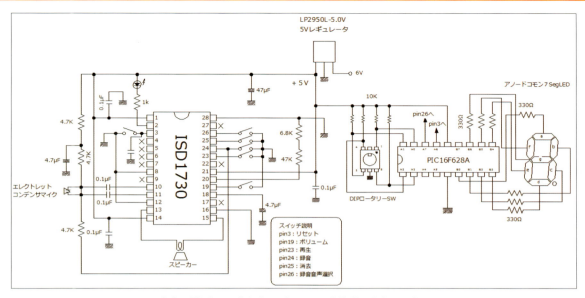

音声の「録音／再生」ボード（マイコン制御簡易版）の回路図

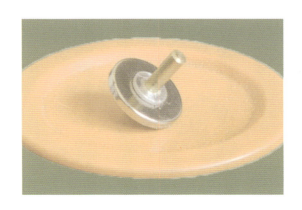

21

第2章 音声の「録音／再生」ボード

プログラム

プログラムは次のとおりです。

Cコンパイラには「CCS-C」を使っていますが、特別な関数などはあまりないので、他のコンパイラでも多少の変更で対応できると思います。

[リスト1]音声の「録音／(ランダム)再生機回路」プログラム

```c
//--------------------------------------------------
// 音声録音／再生ボード　ランダムアクセス　プログラム
// Programmed by Mintaro Kanda　（簡易版）
// 2015-8-9(Sun)
//--------------------------------------------------
#include <16F628A.h>
#fuses INTRC_IO,NOWDT,NOBROWNOUT,PUT,NOMCLR,NOCPD,NOLVP,NOPROTECT
#use delay (clock=4000000)
void main()
{           // 0   1    2    3    4    5    6    7    8    9
  int const disp_ptn[17]={0x3f,0x06,0x5b,0x4f,0x66,0x6d,0x7d,0x07,0x7f,0x67,
            0x77,0x7c,0x39,0x5e,0x79,0x71,0x00};
            //  a    b    c    d    e    f
  int i,sw,swb;
  setup_oscillator(OSC_4MHZ);
  set_tris_a(0x0f);
  set_tris_b(0x00);
  while(1){
   sw=input_a() & 0xf;
   output_b(~disp_ptn[sw]);
   delay_ms(2);
   if(sw!=swb){
    //リセット信号を送る
    output_low(PIN_A6);
    delay_ms(200);
    output_high(PIN_A6);
    delay_ms(200);

    //DIPロータリーswに従って、fwd信号を送る
    for(i=0;i<=sw;i++){
     output_low(PIN_A7);
     delay_ms(200);
     output_high(PIN_A7);
     delay_ms(200);
    }
   }
   output_b(0xff);
   delay_ms(1);
   swb=sw;
  }
}
```

第3章 音声合成再生機

プログラム　製作費　約2,000円

第2章では、マイクで録音した音を再生しましたが、この章では、マイコン側から送った文字列を「音声合成チップIC」が喋るという、「音声合成再生機」を作ってみます。

- ATP3011F1-PU（28pin DIP）
  …女声("ゆっくり")
- ATP3011F4-PU（28pin DIP）
  …かわいい系の女声

このチップの特徴は、発音させたい文字列を「SPI」「I²C」「USART」などの「シリアル通信」で送り込むだけで、文章として読み上げてくれます。

実際に使ってみると、決して流暢とは言えませんが、内容を聞き取るには充分なレベルで発音してくれます。

チップに送り込むのは「文字データ」なので、「マイコン」などの比較的少ないメモリにもデータを大量に入れておいて、任意の文章を読み上げさせることができます。

★学習する知識
「PICマイコン」のSPIシリアル通信機能

本章で使うICは、AQUEST社の**ATP3011**というチップで、声の種類によって、次のようないくつかの種類があります。

- ATP3011R4-PU（28pin DIP）
  …ロボット声
- ATP3011M6-PU（28pin DIP）
  …業務用途向けの落ち着いた男声

単純に「あ」「い」などの母音は1バイト、「か」とか「め」などは、それぞれ「ka」「me」と2バイトになるので、「400文字」（原稿用紙1枚）の文章ならば、「約600〜700バイト」程度になります。

「SPIシリアル通信」を使う

前述したとおり、文字列の転送には、「SPI」「I²C」「USART」などの「シリアル通信機能」を使います。

今回は、「SPI」（シリアル・ペリフェラル・インターフェイス）通信を使う例を示します。

「SPI通信」とは、3本線による「シリアル通信」を使って行なう方法です。

第3章　音声合成再生機

また、「通信」とは、「マイコン」と「**ATP3011**」が、互いに必要な情報をやり取りすることです。

「シリアル通信」の対義語としては、「パラレル通信」があります。その違いを、以降で説明します。

*

まず、「パラレル通信」についてです。

「パラレル通信」では、「1バイト」(8bit)のデータを、そのまま単純に8本の線を接続して送ります。

かつては、「パソコン」に「プリンタ」「ハードディスク」などを接続する場合は、この方法が主流でした。

1回のデータ転送で、「1バイト」のデータを送ることができます。

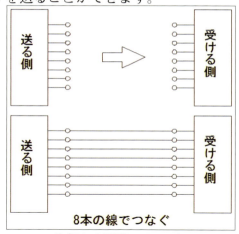

「パラレル通信」のイメージ

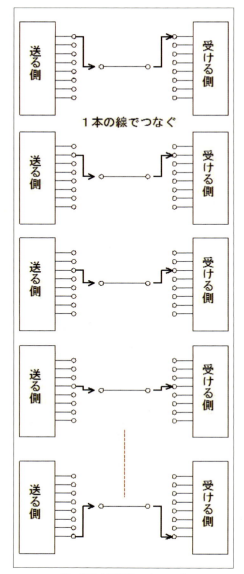

「シリアル通信」のイメージ

*

それに対して、「シリアル通信」では、基本的には線は1本ですみます。

なぜならば、上記と同様に「1バイト」のデータを送るときにも、「1bit」ずつ8回に分けて、時間差で送り込むからです。

最近では、転送速度が極めて速くなったため、「ハードディスク」や「プリンタ」の接続も、誰もがご存知の「USB」というシリアル方式で行なわれています。

このようにすることで、「パラレル通信」では8本必要だったデータ線が、たった1本になるわけです（実際にはもう少し多いですが）。

これは、いいことですよね。

デメリットとしては、「1バイト」のデータを転送する場合でも、8回に分けて転送する必要があることです。

また、「1バイト」のデータを8回に小分けにして送るわけですから、「1bit」ごとに受け手側できちんと捉えて、正しく

「SPIシリアル通信」を使う

「1バイト」のデータに復元できないと困ります。

そのため、復元の取り決めなどをしておかなくてはなりません。それが、「通信プロトコル」と呼ばれる考え方です。

どういう取り決め方でもかまわないのすが、「こういう取決めでやりましょう」ということを、どこかの誰かが提唱して、「あー、それいい方法だね」となれば、その「通信プロトコル」が世に広まっていくということになります。

先ほども言いましたが、「USB」はあまりにも有名ですよね。

*

今回紹介する「SPI」という方式もその一種で、モトローラ社が提唱したプロトコルです。

特徴は、次のとおりです。

・通信ケーブルが長いことは想定しておらず、複数のマイコン同士などオンボード上での通信に限る。
・通信スピードは最大で「5Mbit／sec」と比較的高速である。

そして、この「SPI通信機能」を有するものには、PICマイコンや、ここで使う**ATP3011**などがあります。

これらは3本の線を接続するだけで、相互にデータのやり取りができるのです。

*

では、「SPI通信」の基本を学習するために、2つのPICマイコン同士を3本の線だけでつないで、きちんと「1バイト」(8bit)のデータを受け渡しができるかを試してみたいと思います。

この方法をマスターすると、複数のマイコンを使った回路を構成したり、また今回のテーマのように、「SPI通信機能」をもつ専用LSIを、マイコンから制御できるようになって、大変便利です。

●2つのマイコンを接続して「シリアル通信」

では、「SPI機能」をもつPICを使って、実験をしてみたいと思います。

この「SPI通信機能」は、すべてのPICマイコンにもあるということはなく、限定的です。

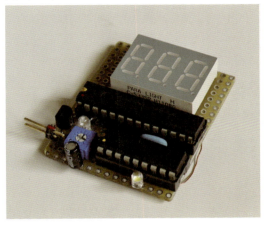

SPI通信実験ボード

「18Pinタイプ」のPICマイコンでは**PIC16F819**、「28Pinタイプ」では**PIC16F873A**や**PIC18F2420**、**PIC18F2221**などが、「SPI機能」をもっています。

この見分け方は、各PICのピン配置の図で、「SDI」「SDO」「SCK」の3つが確認できれば、「SPI機能」をもっているマイコン、ということになります。

今回、実験で使う**PIC16F819**と**PIC16F873A** (**PIC18F2420**)では、次の図のように、それぞれ「SDI」「SDO」「SCK」をもっています。

第3章　音声合成再生機

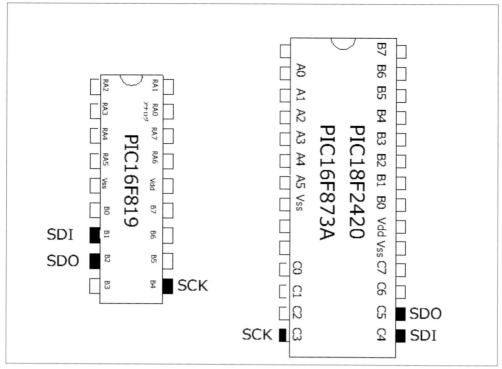

「SPI通信」に必要な端子

　この端子の意味は、「SDI」は「シリアル・データ・イン」、「SDO」は「シリアル・データ・アウト」、「SCK」は「クロック」です。

　PIC同士の「SPI通信」は、たとえばPIC16F819を2つ使ってもできますし、今回の実験例のように、異なるPIC同士でもできます。

　また、「SPI通信」では、「マスター」と「スレーブ」（主と従）の関係がありますが、一方が「マスター」、もう一方が「スレーブ」になります。

　複数の「スレーブ」を切り替えて使うこともできます。今回は、PIC16F819を「マスター」に、PIC16F873Aを「スレーブ」にして実験してみます。

＊

　今回は、PIC16F819を「マスター」にして、PIC16F819のアナログ端子に取り付けている「可変抵抗器」での設定量に応じた表示を、「スレーブ」側のPIC16F873Aに取り付けた「7セグLED」で確認できるようにします。

　回路図は、次ページのとおりです。
　「スレーブ」側に使うPIC16F873Aは、PIC18F2420でもいいでしょう。
　ピン配置はほとんど同じなので、置き換えが簡単にできます。また、プログラムもほとんど同じです。

　PIC18F2420にするメリットは、次の3つです。

・チップの価格が340円※と、PIC16F873Aより100円ほど安い。
・セラミック発振子が要らない。
・ライターの書き込み時間が短い（10秒程度、PIC16F873Aでは80秒）。

※PIC18F2221は、220円とさらに安価なチップもある。

「SPIシリアル通信」を使う

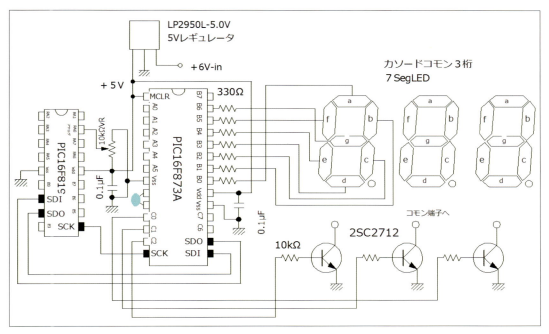

「SPI通信実験」回路図

「SPI通信実験回路」の主な部品表

部品名	型番等	必要数	単価(円)	金額(円)	購入店
マイコン	PIC16F819	1	240	240	秋月電子
マイコン	PIC16F873A	1	450	450	〃
低損失5Vレギュレータ（100mA）	LP2950L-5.0V	1	20	20	〃
NPNトランジスタ	2SC2712(2SC1815)	3	10	30	〃
18PIN丸ピンICソケット		1	40	40	〃
28PIN丸ピンICソケット		1	70	70	〃
積層セラミックコンデンサ	0.1μF　50V	2	10	20	〃
5k～10kΩ半固定抵抗		1	40	40	〃
10kΩ抵抗		3	1	3	〃
330Ω抵抗		7	1	7	〃
3桁7セグメントLED	C-533SR	1	200	200	〃
セラミック発振子	4MHz	1	20	20	〃
			合計金額	1,140	

第3章 音声合成再生機

基本プログラム

プログラムは次のとおりで、「CCS-Cコンパイラ」を使ったプログラムになっています。

「SPI通信」を行なうときに重要になる「CCS-Cコンパイラ」の主な関数は、以下のものです。

①**setup_spi(SPI_MASTER | SPI_L_TO_H | SPI_CLK_DIV_16 | SPI_SS_DISABLED);**

マイコンをマスターにするか、スレーブにするかなどの初期設定関数。

②**spi_write(value);**

マスター側からスレーブ側へ1バイトのデータを送る関数。

③**spi_data_is_in();**

マスター側からデータを受け取ったことで1(true)を返す関数。

④**spi_read();**

マスター側から送られた1バイトのデータ値を返す関数。

[リスト2]マスター側プログラム(PIC16F819用)

```
//-------------------------------------------------------
// PIC SPI通信実験プログラム for PIC16F819 マスター用
// Programmed by Mintaro Kanda
//   2015-8-12(Wed)
//-------------------------------------------------------
#include <16F819.h>
#fuses INTRC_IO,NOWDT,NOBROWNOUT,PUT,NOMCLR,NOCPD,NOLVP,CCPB3
#use delay (clock=8000000)
void main()
{
 int value,dumy;
 setup_oscillator(OSC_8MHZ);
 set_tris_a(0x01);//A0アナログポートのみ入力設定
 set_tris_b(0x02);//SDI(B1)ポートだけ入力設定
 setup_adc(ADC_CLOCK_INTERNAL);//ADCのクロックを内部クロックに設定
 setup_adc_ports(AN0);//AN0のみアナログ入力に指定
 setup_adc(ADC_CLOCK_DIV_32);
 //MSSP初期設定   SPIモード
 setup_spi(SPI_MASTER | SPI_L_TO_H | SPI_CLK_DIV_16 | SPI_SS_DISABLED);
 while(1){
   set_adc_channel(0);
   delay_us(50);
   value = read_adc();//VRの変化によるアナログ値を読み込む
   spi_write(value);//スレーブ側へデータを送信
 }
}
```

[リスト3]スレーブ側プログラム(PIC16F873Aを使う場合)

```c
//-------------------------------------------------------
//  PIC SPI通信実験プログラム for PIC16F873A スレーブ用
//  Programmed by Mintaro Kanda
//   2015-8-12(Wed)
//-------------------------------------------------------
#include <16f873A.h>
#fuses XT,NOWDT,NOPROTECT,NOLVP,NOCPD,PUT,BROWNOUT
#use delay (clock=4000000)
#use fast_io(B)
#use fast_io(C)
int keta[3];
void insert(int data)
{
 int i;
 int amari,waru=100;
 amari=data;
 for(i=0;i<2;i++){
  keta[2-i]=amari/waru;
  amari%=waru;
  waru/=10;
 }
 keta[0]=amari;
}
void disp(void)
{
 int i,scan,data;
 int seg[]={0x3f,0x06,0x5b,0x4f,0x66,0x6d,0x7d,0x07,0x7f,0x67,0};
 scan = 0x1;
 for(i=0;i<3;i++){
  if(i==1 && keta[1]==0 && keta[2]==0) continue;
  if(i==2 && keta[2]==0) continue;
  //7seg表示
  output_c(scan);
  data=seg[keta[i]];
  output_b(data);
  delay_ms(2);
  scan<<=1;
 }
 output_c(0);
 delay_us(500);
}
void main()
{
 int value;//マスター側から送られてくるデータ値を読込む変数
 //MSSP初期設定　SPIモード
 setup_spi(SPI_SLAVE | SPI_L_TO_H | SPI_CLK_DIV_16 | SPI_SS_DISABLED);
 set_tris_a(0x00);//aポートall出力に設定(未使用)
 set_tris_b(0x00);//bポートall出力に設定
 set_tris_c(0x18);//SCK,SDIポートが入力設定
 setup_adc_ports(NO_ANALOGS);
 value=0;
 while(1){
```

第3章　音声合成再生機

```
   if(spi_data_is_in()){
     value=spi_read();//マスター側からのデータを読み込む
   }
   insert(value);
   disp();
  }
}
```

【リスト4】スレーブ側プログラム（PIC18F2420を使う場合）

```c
//---------------------------------------------------------
// PIC SPI通信実験プログラム for PIC16F2420A スレーブ用
// Programmed by Mintaro Kanda
//  2015-8-12(Wed)
//---------------------------------------------------------
#include <18f2420.h>
#fuses INTRC_IO,NOWDT,NOPROTECT,NOLVP,NOCPD,PUT,BROWNOUT,NOMCLR
#use delay (clock=8000000)
#use fast_io(b)
#use fast_io(C)
int keta[3];
void insert(int data)
{
 int i;
 int amari,waru=100;
 amari=data;
 for(i=0;i<2;i++){
   keta[2-i]=amari/waru;
   amari%=waru;
   waru/=10;
 }
 keta[0]=amari;
}
void disp(void)
{
 int i,scan,data;
 int seg[]={0x3f,0x06,0x5b,0x4f,0x66,0x6d,0x7d,0x07,0x7f,0x67,0};
 scan = 0x1;
 for(i=0;i<3;i++){
   if(i==1 && keta[1]==0 && keta[2]==0) continue;
   if(i==2 && keta[2]==0) continue;
   //7seg表示
   output_c(scan);
   data=seg[keta[i]];
   output_b(data);
   delay_ms(2);
   scan<<=1;
 }
 output_c(0);
 delay_us(500);
}
void main()
```

「SPI通信」によるATP3011の制御

```c
{
  int value;//マスター側から送られてくるデータ値を読込む変数
  setup_oscillator(OSC_8MHZ);
  //MSSP初期設定  SPIモード
  setup_spi(SPI_SLAVE | SPI_L_TO_H | SPI_CLK_DIV_16 | SPI_SS_DISABLED);
  set_tris_a(0x00);//aポートall出力に設定(未使用)
  set_tris_b(0x00);//bポートall出力に設定
  set_tris_c(0x18);//SCK,SDIポートが入力設定
  setup_adc_ports(NO_ANALOGS);
  value=0;
  while(1){
    if(spi_data_is_in()){
      value=spi_read();//マスター側からのデータを読み込む
    }
    insert(value);
    disp();
  }
}
```

　回路が完成して、各マイコンにプログラムを書き込んだら、実験してみます。

　電源をつないで、「半固定抵抗」を回してみてください。

　「スレーブ」側に付いている「7セグLED」の数値が、「0～255」の間で変化します。

　PIC16F819に付けられている「半固定抵抗」の値のAD変換で確定した数値が、SPI通信機能によって、**PIC16F873A**(**PIC18F2420**)側に順次送られて、リアルタイムに表示されます。

　内部的には「シリアル通信」で、1ビットの信号が順次送られているわけですが、プログラムではそのようなことを一切気にすることなく、1バイトのデータとして送ればいいだけなので、簡単です。

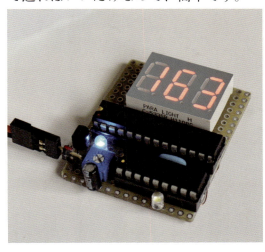

「SPI通信実験」の様子

「SPI通信」によるATP3011の制御

　ATP3011にも、この「SPI通信」をするためのピンが備えられています。

　これによって、「マイコン」と「SPI接続」して、制御してみることにしましょう。

　今回、制御に使うマイコンは、**PIC16F819**では少しピンが不足してしまうので、**PIC18F2420**にします。

　また、「音声合成LSI」の**ATP3011**を使う際のいくつかの設定を次にまとめます。

　「SPIモード」は「MODE3」とするので、プログラムにおける「SPI」の設定は、ク

第3章 音声合成再生機

ロックが「H→L」(SPI_SCK_IDLE_HIGH)の設定にします。

音声合成PIC制御基板

・通信方式
SPI (MODE3) →
ピン設定　SMOD0 (4) :1　SMOD1 (5) :0

・動作モード
コマンド入力　→
ピン設定　PMOD0 (14) :1 (オープン)
SMOD1 (15) :1 (オープン)

*

次に、回路図を示します。

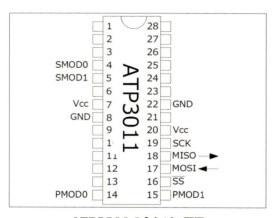

ATP3011の主なピン配置

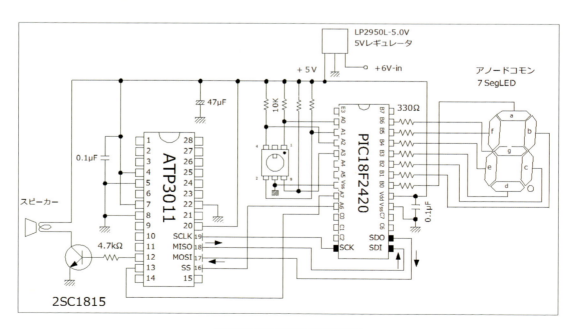

「音声合成SPI制御回路」回路図

制御プログラム

「音声合成SPI制御回路」の主な部品表

部品名	型番等	必要数	単価(円)	金額(円)	購入店
音声合成IC	ATP3011	1	850	850	秋月電子
28PIN丸ピンICソケット	300mil	2	60	120	〃
マイコン	PIC18F2420	1	340	340	
低損失5Vレギュレータ（100mA）	LP2950L-5.0V	1	20	20	〃
スピーカー	8Ω	1	80	80	〃
電解コンデンサ	47μF　16V以上	1	10	10	〃
積層セラミックコンデンサ	0.1μF　50V	2	10	20	〃
10kΩ抵抗		4	1	4	〃
330Ω抵抗		7	1	7	〃
4.7kΩ抵抗		1	1	1	〃
7セグメントLED（色は自由）	アノードコモン	1	50	50	〃
パワーグリッド・ユニバーサル基板	両面スルーホール 72mm×47mm	1	140	140	〃
DIPロータリースイッチ	負論理	1	150	150	〃
単3電池BOX	4本用	1	80	80	〃
単3電池アルカリ電池		4	25	100	〃
			合計金額	1,972	

制御プログラム

次にプログラムを示します。

今回は、「SPI通信」に「CCS-Cコンパイラ」の関数を使ったので、非常にスッキリと書かれています。

他のコンパイラを使って組む場合は、「CCS-Cコンパイラ」の「spi_write ()」に相当する関数を使うか、自前で関数を作る必要があります。

喋らせる「文字列データ」を「const」指定しているのは、「ROM領域」に定義することで、多くの文字列を定義できるようにするためです。

（これを通常の「RAM領域」（値をプログラム動作中でも変更可）に設定すると、PIC18F2420の場合は、トータル768バイト程度しか定義できません）。

ATP3011に送り込める文字列の長さは127バイトまでですが、それほど長くなくてもいい場合は、配列の長さを短くして、パターンを多く登録できます。

目安としては、PIC18F2420の場合は、プログラムコードを含めて、16Kバイトなので、1文字列を128バイトで取った場合は、約110～116パターン程度定義可能です。

1文字列を64バイトで取った場合は、その倍の220～232パターン程度定義可能です。

第3章 音声合成再生機

なお、よりよい発音のための文字列の生成ルールなどは、AQUEST社（www.a-quest.com）のホームページにある、「AquesTalk pico LSI ATP3011」のデータシートに載っているので、参照してください。

【リスト5】PIC PIC18F2420によるATP3011 SPI制御プログラム

```
//--------------------------------------------------
// PIC PIC18F2420 による ATP3011 SPI制御プログラム
// Programmed by Mintaro Kanda
//   2015-9-6(Sun)
//--------------------------------------------------
#include <18F2420.h>
#include <string.h>
#fuses INTRC_IO,NOWDT,NOPROTECT,NOMCLR,NOLVP,NOCPD,PUT,BROWNOUT
#use delay (clock=8000000)
#use fast_io(A)
#use fast_io(B)
#use fast_io(C)
#use fast_io(E)
           // 0    1    2    3    4    5    6    7    8    9
 const int disp_ptn[17]={0x3f,0x06,0x5b,0x4f,0x66,0x6d,0x7d,0x07,0x7f,0x6f,
              0x77,0x7c,0x39,0x5e,0x79,0x71,0x00};
           // a    b    c    d    e    f
 const char moji[][128]={"watashiwa kannda/min'taro-de_su.",
        "ichi","ni","san","si","go","roku","nana.","hachi",
        "kyu'-","ju'-","ju-ichi","ju-ni","ju-san","ju-shi","ju-go"};
void main()
{
 int i,sw,se=0;
 char ch[2]={'J','K'};//チャイムの種類を指定する文字
 setup_oscillator(OSC_8MHZ);
 set_tris_a(0x8f);//下位4bitは、DIPロータリSWで入力 A7はPLAY(発音中)をモニターする端子
 set_tris_b(0x0);//全ポート出力設定
 set_tris_c(0x10);//c4ポート(SDI)のみ入力設定
 set_tris_e(0x8);//e3ポートを入力設定
 setup_adc(ADC_CLOCK_INTERNAL);//ADCのクロックを内部クロックに設定
 setup_adc(ADC_CLOCK_DIV_16);
 setup_adc_ports(NO_ANALOGS);//全ポートデジタル設定


 //MSSP初期設定   SPIモード 初期化
 setup_spi(SPI_MASTER | SPI_SCK_IDLE_HIGH | SPI_CLK_DIV_16 | SPI_SS_DISABLED);
 while(1){
  sw=input_a() & 0xf;
  output_b(~disp_ptn[sw]);
  delay_ms(2);

  //チャイムを鳴らす
  output_low(PIN_A6);//SS端子をアクティブにする
  delay_us(20);
  spi_write('#');
  delay_us(20);
```

```c
    spi_write(ch[se]);// 'J'または'K'が交互に入る
    delay_us(20);
    spi_write('\r');
    while(input(PIN_A7));
    //発音中(PLAY中)は待つ
    while(!input(PIN_A7));
    output_high(PIN_A6);//SS端子をdisableにする
    delay_ms(500);

    //DIPロータリースイッチにより設定されたメッセージを発音(16パターン選択)
    output_low(PIN_A6);//SS端子をアクティブにする
    delay_us(20);
    i=0;
    while(moji[sw][i]!='\0'){
      spi_write(moji[sw][i++]);
      delay_us(20);
    }
    spi_write('\r');
    while(input(PIN_A7));
    //発音中(PLAY中)は待つ
    while(!input(PIN_A7));
    output_high(PIN_A6);//SS端子をdisableにする
    delay_ms(500);
    se++;se%=2;//seの値を0,1,0,1・・・・・で繰り返す
  }
}
```

第4章 「スピーカーBOX」と「アンプ」

製作費 約500円

音質を向上するための「スピーカーBOX」と「スピーカー・アンプ」を作ります。
安く簡単に作れますが、音質はスピーカーから直接流すよりも格段に良くなります。

★学習する知識
「オペアンプ」を使ったオーディオアンプ

私が中学生のころは、「いかにして安価に、かつ良い音で音楽を聴くか」ということをいろいろ試行錯誤していました。

町の電気店で、FMの「ステレオ放送」をヘッドホンで聞いて、感動したことを覚えています。

そのときに知ったのが、「音の良し悪しは、スピーカーで決まる」ということです。

さらに言えば、「スピーカー本体」だけでは、その性能はほとんど発揮できず、「スピーカーBOX」で音は激変するということでした。

アメリカのスピーカーメーカーのBOSE社はあまりにも有名ですが、BOSEのスピーカーが人気なのは、言うまでもなくその音の良さです。

そして、それは、「スピーカー本体」と「スピーカーBOX」のベストな設計から生まれているのです。

*

前置きが長くなりましたが、何を言いたいかというと、「簡単な音を出す実験回路のときも、スピーカーを単体で使うのではなく、簡単なBOXを作ると、劇的に音が良くなる」ということです。

たとえ、秋月電子で売っている80円スピーカーでも、「どうせ、80円のスピーカーだから、それなりの音しか出なくてもしょうがない」ということはないのです。4mmのシナベニア板でBOXを作ってそれに入れるだけで、劇的に音が良くなります。

*

今回は、定番のオペアンプ**NJM 386**で、「アンプ付スピーカーBOX」を作ってみます。

2つ作れば、立派な「アンプ付きステレオスピーカー」です。

NJM386を使ったオーディオ用アンプ

BOSEの高級アンプ付スピーカーと並べてみると、"劣るとも勝りません"が、自分好みのスピーカーを作るのも愛着が出て楽しいものです。ぜひ作ってみてください。

BOSEのスピーカーとの比較

NJM386を使ったオーディオ用アンプ

今回パワーアンプには、定番のオペアンプ **LM386** とコンパチの **NJM386**（新日本無線）を使います。

1個50円のパーツですが、出力は700mWあります。

回路図は次のとおりです。

アンプ基板

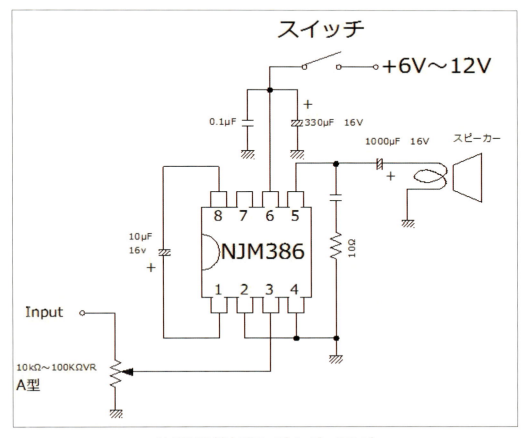

NJM386（出力700mW）オーディオアンプ

第4章 「スピーカーBOX」と「アンプ」

オーディオアンプの主な部品表

部品名	型番等	必要数	単価(円)	金額(円)	購入店
オペアンプ	NJM386	1	50	50	秋月電子
電解コンデンサ	1000μF 16V	1	30	30	〃
電解コンデンサ	330μF 16V	1	10	10	〃
電解コンデンサ	10μF 16V	1	10	10	〃
積層セラミック・コンデンサ	0.1μF 50V	1	10	10	〃
ルビコンフィルム・コンデンサ	0.047μF 50V	1	10	10	〃
10Ω抵抗		1	1	1	〃
10kΩボリューム	A型	1	40	40	〃
ボリュームつまみ		1	40	40	〃
電源スイッチ(スライド型)	SS-12F15-G8	1	30	30	〃
スピーカー(8Ω 2W)	SPK-8OHM2W	1	280	280	aitendo
			合計金額	511	

スピーカーBOX

　前述したように、どんなに高級な「スピーカーユニット」を使っても、「スピーカーBOX」なしに良い音を出すことはできません。

　どんな形でもいいので、「スピーカーの入るBOX」を作る必要があります。

　そして、「BOX」の形状や大きさ、仕組みでも、出てくる音は大きく変化します。

　どんな「BOX」なら良い音が出せるのかは、誰にも分かりません。だから、試行錯誤して作る楽しみが生まれるのです。

　今回作るものは、何の変哲もない普通の「BOX」ですが、皆さんなりに、大きさや形状などを変えてみてください。

　音は変化しますが、いずれも「スピーカーユニット」単体とは比較にならないぐらい、良い音が出ます。

＊

　では、参考までに私が作った「BOX」の図面を次に示します。

　厚さ4mm(3.8mm)の「シナベニア板」を使って箱を作っただけの単純なものです。

　板は、2液性の「エポキシ接着剤」を使って付けています。

　スピーカーは、ユニットが入る大きさの穴をくり抜き、表側から、木ネジで止めただけの簡単な構造です。

　この程度でも、音は格段に良くなります。

　あとは、「アンプ」と「バッテリー」「ボリューム」を付けて完成です。

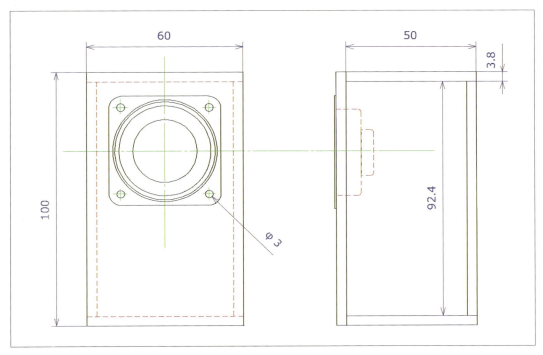

「BOX」の図面例

スピーカーユニットとVR（可変抵抗）の穴を開ける

完成した「スピーカーBOX」

バッテリー

　アンプ用のバッテリーは、電圧が「6V〜12V」ぐらいまでならば、何でもかまいません。

　私は、作った「スピーカーBOX」にちょうど収まる大きさの、「Ni-MHバッテリー」(3.6V)を使いました。

　秋月電子で1個150円で販売しており、次の図のように2個直列(7.2V)にして使います。

「Ni-MHバッテリー」を2個直列にしたもの

第4章 「スピーカーBOX」と「アンプ」

使ったオペアンプの電源電圧範囲は「18V」までで、電圧が高いほうが出力は上がりますが、その場合、利用する「電解コンデンサ」の耐圧に注意してください。

私は、「16V」のものを使ったので、最大でも「15V」ぐらいまでが限度となります。

電圧を「18V」までかける場合は、コンデンサの耐圧を「25V」にしてください。

「スピーカーBOX」の背面に、「電源スイッチ」「入力コネクタ」を付けて、
「音声合成基板」の出力をつないだ例

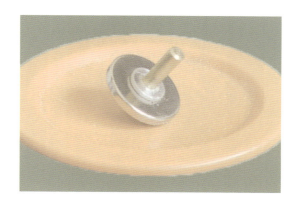

| 第5章 | ロープウェイ |

プログラム　製作費　約800円

自動車や電車の模型はポピュラーですが、動く「ロープウェイ」の模型はあまり見ないのではないでしょうか。ということで、「ロープウェイ」を作ってみることにしましょう。

★学習する知識
「ステッピング・モータ」を動かす

「ロープウェイ」の駆動に使うモータ

動くおもちゃでは、よく「モータ」を使います。

次の写真のようなモータであれば、模型屋で150円ぐらいで購入できます。

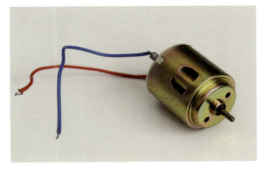

マブチRS-260モータ

このモータを動かす方法は簡単で、「2本の線に電池をつなぐだけ」です。

ですから、特別な知識は必要とせず、小学生の工作でもよく使われます。

このモータは、次のような特徴があります。

・低い電圧(電池1本、1.5V)でも回る。
・トルク(回す力)が弱いため、モータ軸に直接負荷(タイヤとか)をかけて使うことが困難。

特に「トルクが弱い」ため、トルクを上げるために「ギアBOX」や「プーリー」を使うことがほとんどです。

これは、重要なことです。必要なトルクによって、ギア比をどうするかなど、工夫のしがいがあります。

＊

今回は、このポピュラーな「モータ」と「ギアBOX」を使うのではなく、モータ単独でも強力なトルクを発生する、「ステッピング・モータ」を使ってみます。

第5章　ロープウェイ

夏休みの工作的な用途でこのモータを使う人は、ほとんどいないと思いますが、あえて挑戦してみます。

ステッピング・モータ

ド・ステッピングモータ」などもある。

24：1ギヤード・ステッピングモータ

＊

まず、「ステッピング・モータ」とはどのようなモータなのか、特徴を挙げます。

・モータに電池を直接つないで回すことができない（駆動するための回路が必要）。
・指定した角度まで回すことができる。
・回転しているときも静止しているときでも、強力なトルクを得ることができる。
・駆動電圧を変えても、回転数は変わらない（回転数を変えるには、パルスの周期を変える）。
・比較的静かに回せる。
・薄型のものもある。
・さらにトルクを得るために、「ギヤー

他にも、特徴はありますが、特に強力なトルクをモータ単独で出せるものが多いです。

そのため、用途によっては「ギアBOX」などを使わなくても、目的の動作をさせることが可能になります。

「ギアBOX」を使うと、ギアの摩擦音やモータの回転音があり、けっこううるさいのですが、「ステッピング・モータ」は単独で使える場合も多いので、静音性を必要とする場合にも好都合です。

ただし、パルスで回るので、振動はあります。

「ステッピング・モータ」の駆動方法

いろいろとメリットの多い「ステッピング・モータ」ですが、デメリットは「駆動するための制御回路が必要」であることです。

また、「ステッピング・モータ」は、駆動の方法も「ユニポーラ駆動」と「バイポーラ駆動」の2通りがあります。

今回は「ロープウェイを動かす」という目的から、低速回転で強力なトルクを得ることができる「バイポーラ駆動」を行ないます。

なお、「ステッピング・モータ」を購入するときは、励磁方式が「ユニポーラ」となっているものを購入してもかまいません。

「ユニポーラ」のものは、「バイポーラ駆動」もできます。

「ステッピング・モータ」の励磁方式の簡単な見分け方ですが、線が「4本」出ているものは「バイポーラ専用」、線が「6本」出ているものは「バイポーラ」と「ユニポーラ」の両方に対応できます。

＊

「ステッピング・モータ」の駆動方法

「ステッピング・モータ」は、わざわざ購入しなくても、壊れたスキャナやプリンタの中に、必ずと言っていいほど入っているので、そのような壊れた製品があったら、粗大ごみに出す前に「ステッピング・モータ」だけでも取り出すといいでしょう。

たいていのものは使えると思います。

また、「ステッピング・モータ」と「普通のDCモータ」の見分け方ですが、モータの軸を手で回してみて、細かく"カクカク"と回るものが、「ステッピング・モータ」となります。

(モータからの線が2本しか出ていないものは、「ステッピング・モータ」ではありません)。

*

今回、「ステッピング・モータ」を駆動する方法として、直接の駆動には「専用のIC」(**TA7774PG**、または**TA6674PG**)を使います。

また、回転数や回転のスタート、ストップ、正転、逆転などのコントロールとして、「PICマイコン」を使います。

できれば、「マイコン」を使わずに電子回路だけで構成したかったのですが、やはり「マイコン」を使う方が安く作れるので、このようにしました。

「ステッピング・モータ」用のドライバ、**TA7774PG**でドライブできる「ステッピング・モータ」は、比較的小さなものです。

「100mA」を超える駆動電流が必要な場合は、大きな電流を流せるドライバを使うか、「FET」を使って自前でドライバを構成する必要があります。

「マイコン」を使える環境ではない人は、秋月電子で扱っている、「ステッピング・モータ ドライバキット」(ユニポーラ駆動、1,200円)を利用してください。

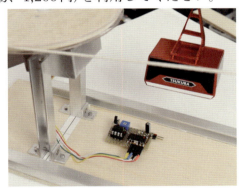

「ステッピング・モータ」の駆動回路基板

第5章　ロープウェイ

回路図

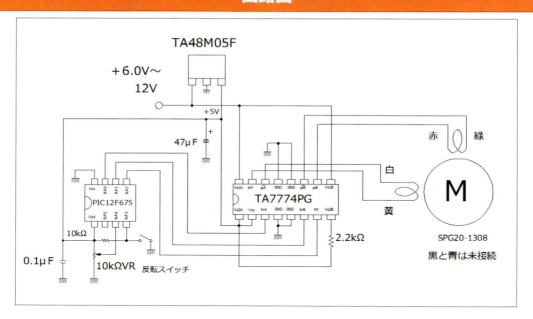

「ステッピング・モータ駆動回路」回路図

「ステッピング・モータ駆動回路」(ロープウェイ)の主な部品表

部品名	型番等	必要数	単価(円)	金額(円)	購入店
PICマイコン	PIC12F675	1	120	120	秋月電子
8PIN ICソケット		1	15	15	〃
ステッピングモータ・ドライバ	TA7774PG(F)	1	50	50	〃
	(TB6674PG)	(1)	(200)	(200)	〃
5Vレギュレータ	TA48M05F	1	50	50	〃
10kΩ半固定　VR		1	40	40	〃
10kΩ抵抗		1	1	1	〃
2.2kΩ抵抗		1	1	1	〃
ボリューム用ツマミ		1	20	20	〃
0.1μFコンデンサ	積層セラミック	1	5	5	〃
47μF電解コンデンサ		1	20	20	〃
反転用スライドスイッチ	小型スライド	1	25	25	〃
ステッピング・モータ	SPG20-1308など	1	350	350	〃
単3電池BOX	4本用	1	60	60	〃
単3電池アルカリ電池		4	25	100	〃
			合計金額	857	

「ステッピング・モータ」の駆動プログラム

次にプログラムを示します。

TA7774PGには、「パワーセーブ端子」というものがあります。

これは、「ステッピング・モータ」において、ステップ駆動する周波数が低い(1秒など)場合に、モータ軸を停止して、間にコイルに電流を流すのを止める機能です。

これによって、軸におけるトルクはなくなりますが、電力を節約することができます。

コイルに電流を流すことで、「静止トルク」を出したいときは使いません。

また、周波数が高いときは、ほとんど使わなくてもよいでしょう。

今回、プログラムは、この「パワーセーブ」を使うような記述になっていますが、必要がないときは、削除してもかまいません。

また、「t=2;」の値を「2」より小さくすると、回転数を上げることができますが、上げ過ぎるとトルクは低下します。

[リスト6]「ステッピング・モータ」の駆動プログラム

```c
//--------------------------------------------------
//ステッピング・モータ 駆動プログラム
//     TA7774PG用
// Programmed by Mintaro Kanda
//--------------------------------------------------
#include <12F675.h>
#fuses INTRC_IO,NOWDT,NOPROTECT,NOMCLR
#use delay (clock=4000000)
//パワーセーブ端子信号 RA2
void main()
{
  int data[8]={1,3,2,0,0,2,3,1};
  int i,m,v,t,sw;
  set_tris_a(0x18);
  setup_adc_ports(sAN3);//これはGP4端子
  setup_adc(ADC_CLOCK_INTERNAL);

  t=2;
  while(1){
   output_low(PIN_A2);//パワーセーブOFF
   set_adc_channel(3); //ADCを読み込むピンを指定
   delay_us(30);
   v = read_adc(); //読み込み(分解能8bit)
   sw=4*input(PIN_A3);
   for(i=0;i<4;i++){
    output_A(data[sw+i]);
    delay_ms(t);
    output_high(PIN_A2); //パワーセーブON
    for(m=0;m<v;m++){
     delay_us(800);
    }
```

第5章 ロープウェイ

```
        delay_ms(t);
    }
  }
}
```

「ステッピング・モータ」(大電流型)の駆動方法

「ステッピング・モータ」の駆動回路は、ワンチップの「ドライバIC」を使えば、簡単に作ることができます。

その反面、駆動できる「ステッピング・モータ」の最大電流は「150mA」程度であり、これより大きな電流が流れるものには使うことができません。

安価な「ステッピング・モータ」は秋月電子で手に入れることができるのですが、この本に掲載した型番のものが常に売っているとは限りません(売り切れると再入荷しないことも珍しくありません)。

もし駆動電流が「150mA」を超える「ステッピング・モータ」しか手に入らない場合は、次ページの回路図に示すような、大電流に対応できる「FET」を使った「フルブリッジ回路」を2つ使って作ります。

1個40円のデュアルFETの**FDS4935**(P型)と**NDS9936**(N型)を、2つずつ使います。

これらの「FET」は、「5A」程度まで流すことができるので、比較的電圧の低い(20V以下)ほとんどの「ステッピング・モータ」を駆動できます。

*

「制御マイコン」には、「アナログ入力端子」のある**PIC16F676**を使いましたが、8Pinタイプの**PIC12F675**でもいいでしょう(プログラムは、多少変更の必要があります)。

「OR」のTTL、**74LS136**はオープンコレクタ型の「OR」です。

TTLの出力にはモータの電源電圧がかかるので、必ずオープンコレクタ型の**74LS136**を使う必要があります。

これによって、ソフトによらずに簡単に正転と逆転の切り替えができます。

*

この回路は、「ステッピング・モータ」を含めても、1,000円程度で作ることが可能です。

ただ、**MDP35A**は、「ギヤード・ステッピングモータ」ではないため、「ロープウェイ」に使うには、回転スピードが速すぎるかもしれません。

当然、VR(可変抵抗)を絞って回転数を落とすこともできますが、ステップ角度がやや大きいため、動きが"カクカク"したものになってしまいます。

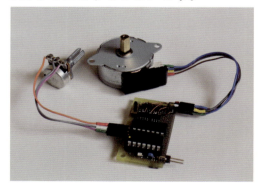

MDP-35Aも駆動できる、大電流の「ステッピング・モータ」ドライバの回路

「ステッピング・モータ」（大電流型）の駆動方法

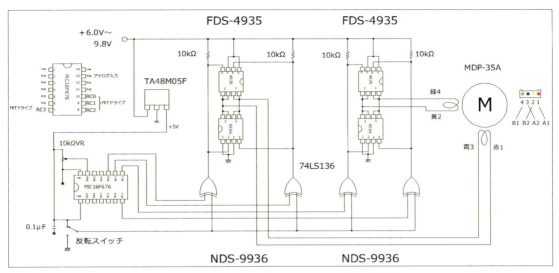

「大電流ステッピング・モータ」ドライバの回路図

「大電流ステッピング・モータ駆動回路」の主な部品表

部品名	型番等	必要数	単価(円)	金額(円)	購入店
PICマイコン	PIC16F676	1	130	130	秋月電子
14PIN ICソケット		1	40	40	〃
P型FET	FDS-4935	2	40	80	〃
N型FET	NDS-9936	2	40	80	〃
オープンコレクタTTL OR	74LS136	1	50	50	樫木総業
5Vレギュレータ	TA48M05F	1	50	50	秋月電子
10kΩ VR		1	40	40	〃
10kΩ抵抗		4	1	4	〃
ボリューム用ツマミ		1	20	20	〃
0.1μFコンデンサ	積層セラミック	1	5	5	〃
反転用スライドスイッチ	小型スライド	1	25	25	〃
ステッピングモータ	MDP-35A	1	200	200	〃
単3電池BOX	6本用	1	100	100	〃
単3電池アルカリ電池		6	25	150	〃
			合計金額	974	

第5章 ロープウェイ

「ステッピング・モータ」（大電流型）の駆動プログラム

次にプログラムを示します。

＊

「t=5;」の値を「5」より小さくすると、「回転数」を上げることができますが、「回転数」を上げ過ぎると「トルク」は低下します。

「ステッピング・モータ」のデータ表に、「駆動パルスレート：590ppm」などの記載があります。

これは、「1秒間に入れられる最大パルスの数」を示しています。

「500ppm」ならば、「2ミリ秒」(t=2)が限界ということになります。

「回転数」を一定にして「トルク」を上げたいときは電圧を上げますが、「ステッピング・モータ」では、プログラム（tの値）を変えずに電圧を上げても、回転数を上げることはできません。

電圧を上げて得られる効果は、あくまでも「トルク」になります。

※**PIC16F676**について、「秋月電子製PICライター」を使って書き込みたい場合は、**第6章**を参照。

【リスト7】「ステッピング・モータ」（大電流型MDP-35A）の駆動プログラム

```c
//----------------------------------------------------
// ステッピング・モータ　大電流型MDP-35A 駆動プログラム
//   Programmed by Mintaro Kanda
//     2015-9-12(Sat)
//----------------------------------------------------
#include <16F676.h>
#fuses INTRC_IO,NOWDT,NOBROWNOUT,PUT,NOMCLR,NOCPD
#use delay (clock=4000000)

void main()
{
 int i,m,va,data[]={5,9,10,6};//励磁シーケンスデータ//
 int t;
 setup_adc_ports(sAN0);
 setup_adc(ADC_CLOCK_INTERNAL);
 set_tris_a(0x01);//RA0入力ポート
 set_tris_c(0x00);//全ポート出力

 t=5;//パルス幅
 while(1){
  set_adc_channel(0); //ADCを読み込むピンを指定
  delay_us(30);
  va = read_adc(); //読み込み（分解能8bit）
  for(i=0;i<4;i++){
   output_c(data[i]);
   delay_ms(t);
   output_c(0);
   for(m=0;m<va;m++){
    delay_us(500);
   }
```

```
        delay_ms(t);
    }
  }
}
```

「ロープウェイ」の製作

「ステッピング・モータ」駆動の記述が長くなりましたが、いよいよ「ロープウェイ」本体を作ります。

＊

実際の「ロープウェイ」は、「ロープウェイ」本体に対して「ロープ」が長く、駅と駅の間もかなり長くなります。

本物のように作ろうとすると大変なので、今回は駅と駅の間を短く作ることにします。

それでも、ゆっくりと動く「ロープウェイ」はなかなか風情があります。
「ステッピング・モータ」を使わずに、この遅いスピードと静音性、コンパクトさは実現しにくいかもしれません。

● 「駅舎」の製作

まず、「出発駅」と「折り返し駅」を作ります。

おおよそ下のような図面にしてみましたが、絶対的なものではありません。
駅舎間の長さなどは、好みで設定してください。

ただ、あまり長くすると、ロープのテンションを取るのが難しくなります。

＊

最初に、「ロープウェイ」を駆動する「モータBOX」を作ります。

「BOX」は、利用する「ステッピング・モータ」に合わせて作るので、次ページの図面を参考に、実際に利用する「ステッピング・モータ」に合わせて作ってください。

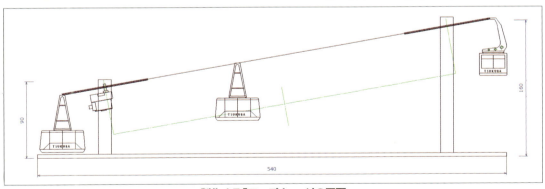

製作する「ロープウェイ」の図面

第5章　ロープウェイ

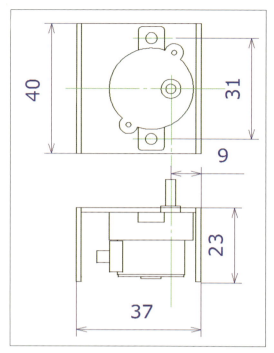

ギヤード・ステッピングモータBOX（参考）

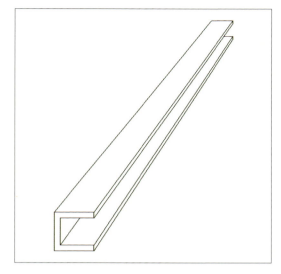

コの字アルミチャンネル

作った「モータBOX」

ベース板の両端に「コの字チャンネル」を接着

＊

次に、「ベース板」を作ります。

　材料は、4mm～5mmの「シナベニア板」を、長さ540mm、幅100mmに切ります。

　そして、剛性をもたせるために、次の図のように、アルミ10mm角の「コの字チャンネル」を半分に切って、板の両端に接着します。
　このとき使う接着材は、合成ゴム系のものがいいでしょう。

＊

次に「支柱」を作ります。

　「柱」は、次の図のように、長さが90mm（麓側）のものと、160mm（山側）のものを、2本ずつ作ります。

　そして、10mm×10mmの「アルミLアングル」で「ベース板」にネジ止めします。

「ロープウェイ」の製作

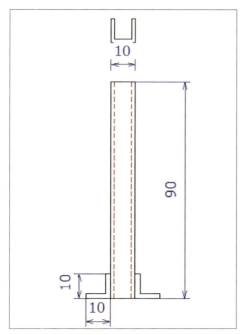

「支柱」(麓側)の図面

サンプルファイルの図面を1/1で印刷して「ベース板」に貼り、「支柱」の取り付け位置を決めます。

図面を「ベース板」に貼って、位置を決める

「支柱」を取り付ける「ベース板」の位置は、次の図を参考にしてください。

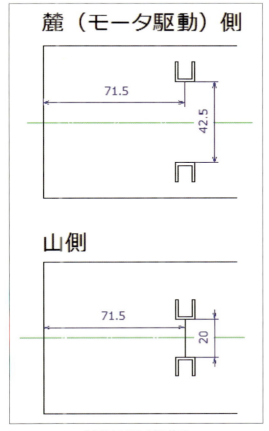

「支柱」の取り付け位置

ベース板に「支柱」をネジ固定
(上:麓側、下:山側)

第5章　ロープウェイ

　そして、ロープウェイのワイヤーを受ける「円板の軸受」を作ります。

　麓側は、モータの駆動BOXになるので、山側を作ります。

　材料のメインは、20mm角の「アルミ棒」です。

　「シャフトベース」は、「真鍮」で作ります。

「支柱」に固定したところ

　同様に、「モータBOX」にも「2.6mmのネジ」を切って、ネジ固定します。こちらも、角度の調整が可能です。

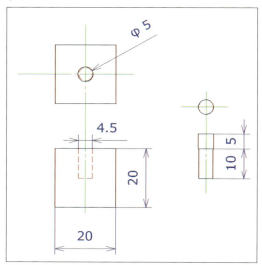

「シャフトベース」の図面（山側）

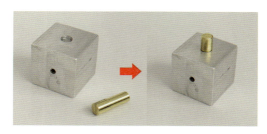

シャフトベース（山側）

　「シャフトベース」は、角度調整ができるように、側面の中心に「2.6mmのネジ」を切っておきます。

　これによって「支柱」に固定して、適切な角度に調整できます。

「モータBOX」を「支柱」に固定したところ

　次に、ロープをかける「円板」を作ります。

　直径が96mmの「シナベニア板」で作った「円板」を、直径が104mm、厚さ0.8mmの「ポリカーボネート」で作った「円板」で挟む構造によって、中心に溝がある円板を作ります。

　図面はそれぞれ次のようになります。

「ロープウェイ」の製作

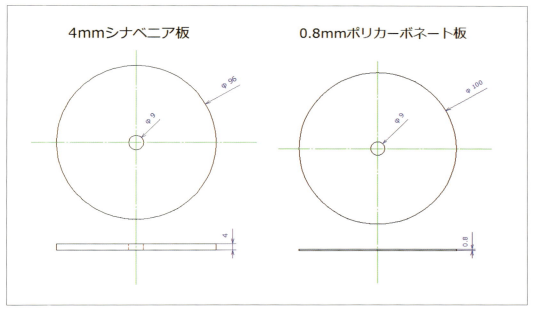

「円板」の図面

「シナベニア板」で作る「円板」は、「円切カッター」や「コンパス」などで96mmの円を描き、「のこぎり」で角を落としていきます。

「糸のこ」で切ってもいいですが、普通の「のこぎり」でも簡単に円板を作ることはできます。

ある程度角を切り落としたら、「サンドペーパー」で円周を滑らかに整えます。

「のこぎり」で角を切り落としていく

角を「サンドペーパー」で整えて完成

「ポリカーボネート」で作る「円板」は、写真のように「円切カッター」で印を入れた後、ポリカーボネート用の「曲線ばさみ」で切ります。

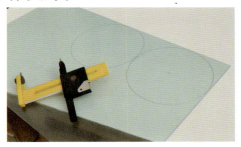

「円切カッター」で直径104mmの円を描く

そして、麓側の円板の中心には「φ(直径)9mmの穴」を正確に開けます。

正確に穴を開けるためには、次の写真のようにφ9mmの「ホールソー」を使うといいでしょう。

金属用のφ9mmのドリルでは、キレイで正確な穴あけは難しいかもしれません。

53

第5章　ロープウェイ

「ホールソー」で正確に穴を開ける

「ポリカーボネートの円板」も、同様にして開けます。

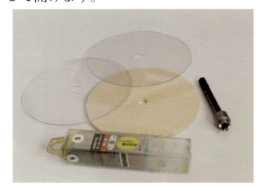

「ホールソー」で開けた直径9mmの穴

*

次に、「円板」と「モータ」を接続するための「フランジ」を、φ12mmの「アルミ棒」で作ります。

この部品の製作には、「旋盤」が必要になります。「旋盤」が使えない場合には、工夫して同様の部品を作ります。

「フランジ」には、次の写真のように、モータ軸に固定するための「φ3mmイモねじ」用のネジを切ります。

完成した「フランジ」

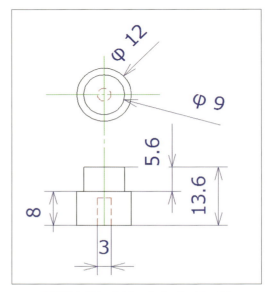

「円板」と「モータ」をつなぐ、「フランジ」

そして、「シナベニア板」を挟み込むように、「ポリカーボネート板」を接着します。

接着材には、透明な「合成ゴム系」のものを使うといいでしょう。

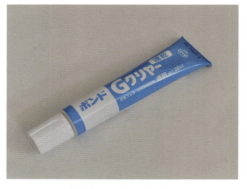

「合成ゴム系」の接着材

「ロープウェイ」の製作

接着材はなるべく薄く、接着する両面に塗り、乾かして溶剤を飛ばしてから付けます。

そして、次の写真のように「クランプ」で圧縮します（30秒ほどで充分です）。

「フランジ」の軸にも接着材を付けて、「円板」と「フランジ」が空回りしないようにしてください。

完成した円板（左：麓側、右：山側）

「クランプ」で30秒ほど圧縮

山側の「円板」の中心には、「ボールベアリング」を取り付けます。

「ボールベアリング」のサイズは、それほどシビアではありませんが、今回は、外径14mm、内径5mmで、フランジ付きのものを使いました。

外径の14mmの穴は、14mmの「ホールソー」で開けます。

フランジ付きボールベアリング

「支柱」に「円板」を取り付けたところ

●「ロープウェイ本体」の製作

次に、「ロープウェイ本体」を作ります。

今回は、つくば山にある「つくばロープウェイ」に似せてみましたが、どんなものでもいいでしょう。

ただ、なるべくリアルにしたいので、実物の写真などを参考に、再現します。

今回作った「ロープウェイ」の大きさは、だいたい次ページの図面のとおりで、長さ52mm、幅32mmにしました。

これも、絶対的なものではなく、適当な大きさにするといいでしょう。

ボディの材料は、0.5mmの「アルミ板」にしました。

薄いアルミ板は、「Pカッター」や「ハサミ」で容易に切ることができる上に、折り曲げて、形を成形することが可能だからです。

厚さから言えば、「厚紙」でもいいでしょう。

第5章 ロープウェイ

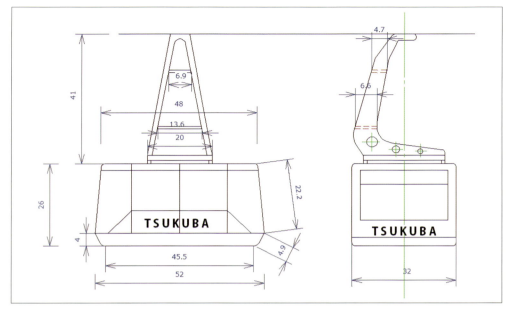

「ロープウェイ本体」の図面

まず図面から、次のような「天板」を除いた、5面の「1/1展開図」を作ります。

CADを使うと、簡単に描くことができます。

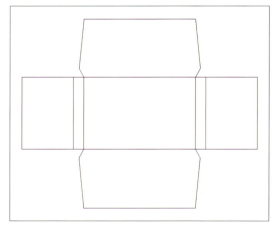

ロープウェイ展開図面

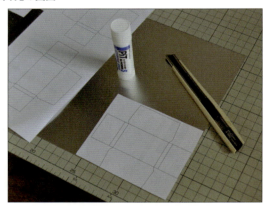

「型紙」を印刷して、「アルミ板」に貼る

そして、「1/1」で印刷をします（A4の紙1枚に4つぶん印刷できます）。

印刷したら、0.5mm厚の「アルミ板」に貼ります。このとき「スティックのり」を使うと便利です。

「型紙」を貼ったら、普通のカッターナイフで線の上から切り込みを入れます。

すべて直線なので、定規を当てて曲がらないようにします。

この作業では、カッターの刃先の微小部分が折れて板に食い込んだり、飛んで来たりすることがあるので、メガネやゴーグルをかけて作業することをお勧めします。

また、折り曲げる部分にも、板厚の半分ぐらいは切り込みを入れます。

切断する部分には、板厚の2/3程度ま

「ロープウェイ」の製作

で切り込みを入れます。

　切り込みを入れたら、「型紙」は剥がします。
　きれいに剥がれずに残った紙は、ウェットティシュなどで拭き取ると簡単に取れます。

「型紙」を剥がす

　このままだと、加工しにくいので、次の写真のように、加工材を含む部分だけを板全体から切り取ります。
　このときは、「Pカッター」を使うと便利です。「Pカッター」がないときは、普通のカッターでかまいません。

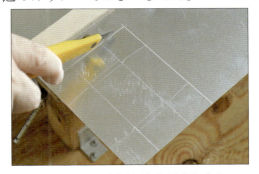

「ロープウェイ本体」部分だけを切り出す

　板厚の2/3ぐらいに切り込みを入れたら、板の切り込み付近を抑えて、小刻みに動かして折り切ります。
　L字型になった切り込み部分を折り切るのは、一見できないように思えますが、あまり大きな力を加えずに軽く小刻みに動かすことで簡単に折り切ることができます。

軽く小刻みに動かして折り切る

　同様にして、「ロープウェイ本体」の余分な部分を折り切っていきます。

余分な部分を折り切る

折り切り終了

　「ロープウェイ本体」の切り出しが終わったら、後は折り曲げて、形を作ります。
　折り曲げる部分には、板厚の半分程度の切り込みを入れておきます。こうすることで、容易に曲げて、形を作ることができます。

第5章　ロープウェイ

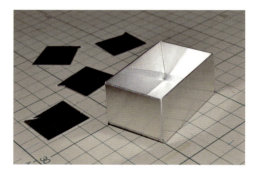

折り曲げて、「天板」を除く本体が完成

「天板」内側の寸法を測定

*

次に、折り曲げて出来た、各板の接合部分に、「ロープウェイ本体」の内側から接着剤を付けます。

このとき使う接着剤は、5分硬化型の「エポキシ接着剤」がいいでしょう。

接合部に接着剤を塗る

接着剤が充分に固まったら、接合面、折り曲げ部分のバリをヤスリがけして、ていねいに削ります。

*

次に、「天板」を作ります。

「天板」は、箱の内側に入れるように作るので、完成した「ロープウェイ本体」の内側の寸法を、「ノギス」などでできるだけ正確に測ります。

寸法を測定したら、これまでと同様に0.5mmの「アルミ板」で、「天板」を作ります。

ただし、「アルミ板」を切り出しても、まだ、「ロープウェイ本体」には取り付けません。

*

次に、「アーム」部分を作ります。

「アーム」部分は、おおよそ次のような図面になります。

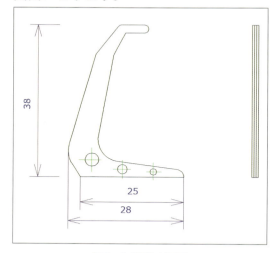

「アーム」部分の図面

材料は、「ロープウェイ本体」と同様に0.5mm厚の「アルミ板」にしますが、形状が折り切ることの難しい形なので、ラジコンのポリカーボネート製のボディを切るときに使う、特殊な「曲線ばさみ」を使って切ります。

「ロープウェイ」の製作

もし、これが難しい場合は、「厚紙」で作ってもかまいません。「厚紙」なら、カッターで容易に切ることができます。

同じもの2枚切り出し、貼り合わせて1.0mm厚にします。

3つの穴は、貼り合わせてから開けますが、「厚紙」で作る場合は、1枚ごとに開けたほうがいいでしょう。

「ロープウェイ本体」と同様に、図面を「1/1」で入力したものを複数印刷して、「型紙」を作ります。

そして、加工する材料に「スティックのり」で貼って2つ切り出し、貼り合わせます。

「アルミ板」の場合は「エポキシ接着剤」を使い、「厚紙」の場合は「木工用接着剤」を使います。

これを2組作ります。

「折り切り」と「切り出し」

※ハサミを使うと材料が反ってしまうが、元に戻すのは難しくないので、気にせずに進めても問題はない。

2枚切り出したら接着剤で張り合わせて、小さめの「クランプ」で4箇所を固定します。

このとき、2枚の材料同士がズレないように注意してください。

接着して「クランプ」で固定

*

次に、「天板」と「アーム」との間にある、「ロの字型の枠」を作ります。

だいたいの寸法は、次の図面のとおりです。

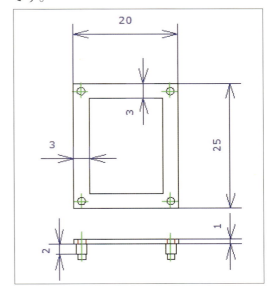

「天板枠」の図面

これを作るのは少し難しくなります。

まず、ロの字型の1mm厚の「アルミ板」を作ります。

これは、20mm×25mmの「長方形の板」から、周りを3mm幅で残して、中をくり抜きます。

カッターなどで切り抜くことは難しいので、線の内側にφ2mmのドリルで穴を開けていき、切り抜きます。

第5章　ロープウェイ

切り抜いた後は、ヤスリでていねいに削ります。

また、四隅の「円柱」は、φ2mmの「真鍮棒」を4mmの長さに切り、両端を1.5mmに削ります。

そして、1.5mmに削った部分を、1.5mmのドリルで開けた穴に入れ接着します。

このように、太さを変えて穴に入れることによって、確実な固定ができます。

> ※この作業には、「旋盤」を使う。「旋盤」がない場合は、工夫して似たような構造にすること。

「アーム」の上部には、「タコ糸」を通せるように、φ1.5mmの穴を開けておきます。

「タコ糸」を通す穴を開けておく

最後は、「アーム」を「天板枠」に接着します。

接着の際は、「厚紙」をL字型に切って、枠の端にセロハンテープで固定してから行なうと、ズレずに接着できます。

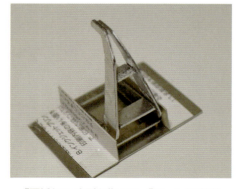

「厚紙」でL字型を作って、「アーム」を接着

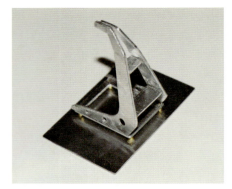

「アーム」を「天板枠」に固定

接着材が充分に固まったら、「ロープウェイ本体」に接着しますが、色を塗り分ける関係上、都合が良いと思われる場合は塗装後に接着します。

「ロープウェイ本体」に接着

カラーリングして文字などを入れて完成

「ロープウェイ」の製作

　最後に、完成した「ロープウェイ」に「タコ糸」を通します。

　「タコ糸」は、あらかじめ「112cm」程度（「麓側円板」と「山側円板」の距離によって変わります）に切っておいて、それを通します。

　糸の先端を穴に通しにくいときには、先端を「エポキシ接着剤」で固めておいて、固まった後に、ハサミで斜めに切ります。

　こうすることで、糸は通しやすくなります。

「←」の部分に「タコ糸」を通す

　「タコ糸」を通したら、糸の両端を2cmほど重ねて、「エポキシ接着剤」で接着します。

　接着後はセロハンテープを巻いて、一定時間固定します。

　糸同士を通常のように結ばないのは、結び目だけが極端に出っ張るのを防ぐためです。

一般的な結び方

「タコ糸」の両端を接着

　接着が固まったらセロハンテープを外し、完成している「円板」に掛けます。

　掛けるときは、「山側の円板」を「ベアリング」から外してください。

　「タコ糸」のテンション（張力）が緩いと、「円板」の溝から外れ落ちてしまうので、なるべく糸をピンと張るぐらいの強めのテンションで調整します。

　また、「モータBOX」（麓側）と「シャフトベース」（山側）の角度も、適切に調整してください。

完成した「ロープウェイ」

第6章 踏切遮断機

プログラム　製作費　約2,000円

本章では、秋月電子で売っている超小型の「ラジコン用サーボ」を使って、「踏切遮断器」を作り、さらに第2章で作った、音声の「録音／再生」ボードを組み込むことで、リアルな踏切の音も再現してみます。

★学習する知識
サーボ駆動回路、音声録音装置

「サーボ」の概要

「サーボ」は、昔からラジコンの飛行機やレースカーなどに使われている、ポピュラーな部品です。

ラジコン用の「マイクロサーボ」

昔は、かなり高価な部品でしたが、今は安価なものでは1個400円程度で販売されています。

1万円以上するものもありますが、それらの違いはトルクやスピード、内部ギアの精度、信頼性などによるものです。

値段の違いはあるものの、仕組みは同じです。

中には小型のモータが入っており、ギアで減速してトルクを高めることができます。

また、「フィードバック用回路」から制御するパルス幅で、どの回転角度で静止させるかも決定できる、画期的な部品です。

通常のモータのように連続して何回転もすることはなく、駆動軸は最大でも「180度」程度しか回転しません（通常は「120度」程度の範囲）。

＊

「踏切の遮断機」には、この「サーボ」を使います。

実際の「遮断機」は、約90度の角度で上がったり下がったりしています。

もし、「ステッピング・モータ」や通常の「ギヤード・モータ」などを使って作ろうとすると、「センサ」を入れて、「遮断機」が必要以上に上がったり下がったりすることを止めるような仕組みが必要になってきます。

しかし、「サーボ」ならば、「遮断機」の上げ下げのそれぞれに、指定した「パルス幅」を送ればいいだけなので、極めて簡単です。

しかも、本体が小さいので、「踏切」らしく作るのにも好都合です。

「サーボ」をコントロールするための信号

「サーボ」は、通常の直流モータのように、電池をつなげば回転するということはなく、簡単に使うことはできません。

この「サーボ」を制御するには、「サーボ」本体から出ている3本の線の1つに、ある信号を送り込む必要があります。

その信号は、下の図のような「矩形波」のパルスです。

※他の2つの線は、電源の「＋」と「－」。

表示されている波形は、実際にラジコンの「レシーバ」（**KR407S**）から取り出したものです。

「パルス幅」を変化させることで、「サーボ」の回転軸の角度が決まります。

また、「サーボ」のメーカーや大きさに関係なく、たいていはどの「サーボ」でも同様にコントロールできます。

オシロスコープで観察すると、左の矩形波の幅は「約1mSec」、右の矩形波の幅は「約2mSec」となっています。

また、周期はいずれも「約8mSec」となっています。

※「周期」は、矩形波の1山から次の1山までの時間。「1000÷周期」が「周波数」となる。

この周期は、これまでの多くのレシーバでは、次ページの波形図のように、「15mSec」のものが主流だったと記憶しています（次ページの「**RX-331S**」の波形）。

周期については、どちらであっても問題はなく、「サーボ」の動きは、「矩形波の幅」で決まります。

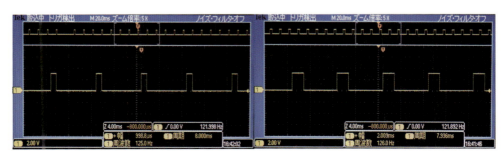

ラジコンの「レシーバ」（KR407S）から取り出した波形

第6章 踏切遮断機

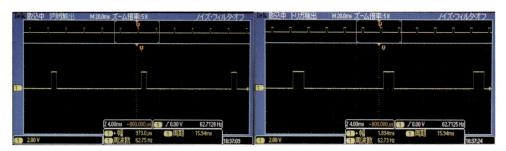

「RX-331S」の波形

「サーボ」駆動の基本回路と、必要な部品

「サーボ」を使うためには、軸をどの角度にしたいかに応じた、一定のパルス幅の矩形波を連続的に送る必要があります。

もちろん、軸の角度が決定した時点で、パルスを止めても問題はありません。

「サーボ」を動かすためには、この波形を電子回路で作ってやればいいわけです。

そこで、この波形を「PICマイコン」(**12F629**)で作ってみます。

回路図と必要な部品は、次のとおりです。

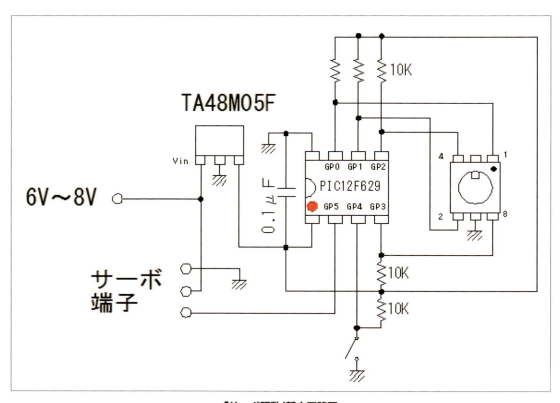

「サーボ駆動」基本回路図

「サーボ」駆動の基本回路と、必要な部品

サーボ制御に必要な主な部品

部品名	型番等	必要数	単価(円)	金額(円)	購入店
CPU	**PIC12F629**	1	100	100	秋月電子
5Vレギュレータ	**TA48M05F**	1	50	50	〃
CPUソケット	8Pin	1	10	10	〃
抵抗	10kΩ　1/6W	5	1	5	〃
積層セラミックコンデンサ	0.1μF	1	4	4	〃
DIPロータリースイッチ	0～F（負論理）	1	150	150	〃
スライドスイッチ		1	25	25	〃
サーボ	SG90（トルク1.5kg）	1	400	400	〃
			合計金額	744	

「回路基板」と「サーボ」

回路図では、次の写真のような、負論理で4ビットの「DIPロータリースイッチ」を使っています。

この部品は、「0」～「15」の2進数を、4ビットで設定できます。

これを使って、「0」のときは矩形波の幅を最小（約1mSec）にし、「15」のときに幅が最大（約2mSec）にするようにします。

つまり、このスイッチを回すことで、「サーボの回転角度」を設定するわけです。

基本的には4ビットのスイッチなので、次の図のようなスイッチと同じ働きをもちます。

違いは、回転操作で2進数設定を連続的にできる点です。

DIPロータリースイッチ

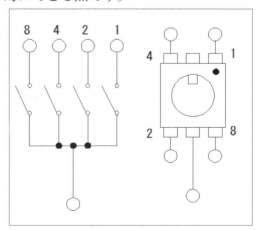

「DIPロータリースイッチ」の働き

第6章 踏切遮断機

しかし、「DIPロータリースイッチ」には、「正論理」のものと「負論理」のものが売られており、これは「正論理」の場合の比較図になります。

左のスイッチがすべて開放(オフ)されているときは「0」という値であり、すべてのスイッチがオンになっているときが「15」という値になります。

本章で使う「DIPロータリースイッチ」は「負論理」のもので、値とスイッチの状態が、「正論理」と逆転したものになります。

つまりすべてオンになっているときは「0」、すべてオフになっているときが「15」となります(その他の値は、ビット反転したようになります)。

ここでは、回路図で分かるように、入力の4ビットは10kΩの抵抗で「+」につながっているため、スイッチがオフのときに「1」、オンになると「0」になります。

そのため、「負論理のDIPロータリースイッチ」を使うと都合がいいというわけです。

こうすることで、「DIPロータリー」の表示と同じデータを、「マイコン」に伝えることになります。

「マイコン」の基本プログラム

次に、「マイコン」に書き込むプログラムを示します。

*

「DIPロータリースイッチ」のポジションに応じた矩形波の幅になるように、プログラムします。

プログラムはかなり短いものなので、理解は容易だと思います。

注意点は、「delay_us(*)」関数です。

「*」部分には、変数を使えるのですが、1バイト型の変数しか使えないので、「255」を超える値を設定できません。

そのためにループをさせて、指定の待ち時間を作っています。

【リスト8】「ラジコンサーボ」制御実験プログラム

```
//----------------------------------------
//   ラジコンサーボ   制御実験プログラム
// 2015-9-20(Sun)
// Programmed by Mintaro Kanda
//----------------------------------------
#include <12F629.h>
#fuses INTRC_IO,NOWDT,NOPROTECT,NOMCLR,BROWNOUT
#use delay (clock=4000000)
void main(void)
{
 int i,j,sw_data;
 set_tris_a(0x1f);//01,1111   GP5が出力ポート、他は入力に設定
 output_a(0);
 while(1){
  sw_data=input_a() & 0xf;
  if(input(PIN_A4)) output_high(PIN_A5);
  delay_us(600);
```

```
    for(i=0;i<sw_data;i++){
      delay_us(90);
    }
    output_low(PIN_A5);
    for(i=0;i<15-sw_data;i++){
      delay_us(90);
    }
    delay_ms(13);
  }
}
```

「基本回路」と「基本プログラム」における、「サーボ」の動作確認

　「回路基板」が完成したら、「サーボ」を接続します。

　3端子の真ん中が「＋」なので、どちらの向きでちないでも、「＋」「－」の誤接続による回路の破損などは起きないようになっています。

　もちろん、どちらの向きにコネクタを挿してもいいというものではありませんが、うまく動かないときは逆に挿してみてください。

　「サーボ」のメーカーによって3本線の色はバラバラなので、信号線が何色ということは言えませんが、「茶色、赤、オレンジ」の場合は、「茶色」がマイナス、「オレンジ」が信号線である場合が多いようです。

　「DIPローターリースイッチ」を動かすことで、最大120度ぐらいの範囲で、回転します。

　実際には180度ぐらいまでは回転するようですが、回転角オーバーで「サーボ」を壊さないよう、ギリギリの範囲で使うのは避けたほうがいいでしょう。

　プログラムで、「delay_us(90)」の「90」の値を「100」ぐらいまで上げると、180度に近いところまで回転します。

「踏切の遮断機」に応用

　ここまでで、「サーボ」の基本的な動作は確認できました。

　次に、最終目的である「踏切の遮断機」に応用します。

　と言っても、単に「遮断機」のバーを、「サーボ」の軸に取り付けるだけです。

　また、制御回路は「DIPロータリースイッチ」は必要ないので、取り去った状態の回路にします。

　そして、新たに、「センサ」2箇所に付けて、その「センサ」が列車を感知したら、踏切が動作するようにしてみます。

　さらに、**第2章**で取り上げた、音声の「録音／再生」ボードを使い、踏切の実際の音を録音して、踏切の音もリアルに再現します。

実際のこの部分をサーボで置き換える

第6章 踏切遮断機

最終的に「プラレール」で実験してみようと思いますが、「プラレール」に使うにしては、かなりのハイテク装置になります。

回路の組み立てに使う基板には、秋月電子で売っている「パワーグリッド・ユニバーサル基板」を使います。

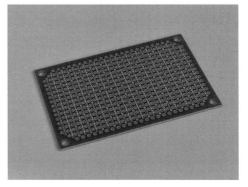

パワーグリッド・ユニバーサル基板

この基板は、両面スルーホールの基板で、通常の2.54mmピッチの間に、「+」と「-」の「電源ライン」が入っています。

この「電源ライン」は、「+」は「+」で、「-」は「-」ですべてつながっていて、基板のどの位置からでも、この端子に簡単に接続できます。

これによって、電源まわりの空中配線を大幅に減らすことが可能です。

ただし、2.54mmピッチの間にこのラインが通っているため、ハンダ付けの際は、不用意にこのラインと接触しないように注意をする必要があります。

踏切遮断機制御&サウンド基板

*

では、回路についてです。

PIC12F629では、ピンの数が足りないので、もう少しピン数の多い**PIC16F676**を使うことにします(価格も、1個130円と安価です)。

これ以上ピン数の多い「PIC」でもかまいませんが、小さな基板に実装するが難しくなってきます。

PIC16F676は、14Pinの「TTL」のようなマイコンですが、プログラムの書き込みには少々工夫が必要です。

秋月電子の「PICライター」でプログラムを書き込むために、**PIC16F676**について調べてみると、「40Pinソケット」の下の部分に「8Pinマイコン」(**12F675**など)と同様にセットするということでした。

しかし、14Pinの**PIC16F676**では、次の写真のように、直接セットすることはできません。

直接はセットできない

これを解決するには、8Pinの「ICソケット」を**PIC16F676**の切り欠きのある側、左右4Pin部分に挿して、下駄を履かせればセットできます。

これでも、実際にプログラムの書き込みには問題はありませんでした。

「踏切の遮断機」に応用

下駄を履かせてセット

「PIC16F676」をセットしたところ

ただ、これでは少々マイコンをセットしづらいので、次のようなアダプタを作ってみました。

これなら、マイコンをソケットにフル装着できるので、安心感があります。

14Pinアダプタ

作るのは簡単で、写真のように両面基板に「14Pinソケット」を、基板のウラ側には「ピンヘッダ」を付けて、必要な配線をするだけです。

配線する必要のある**PIC16F676**のピン番号は、「1、4、12、13、14番」だけです。

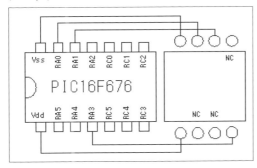

アダプタ回路図

●「PIC16F676」のピン配置

PIC16F676のピン配置を示します。

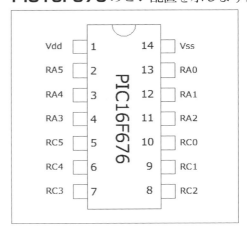

PIC16F676のピン配置

特徴的な点としては、「Bポート」の設定がなく、「Aポート」と「Cポート」がそれぞれ6ビットずつ、計12ビットとなっています。

1～4、11～14Pinを見ると、**PIC12F675**などの8Pinの「PIC」と同じピン配置になっていて、さらに「C0」～「C5」が追加されています。

そのため、使用に当たっては、ピン位置をよく確認することが必要です。

また、「RA3」(4番)ポートは入力専用となっているので、このポートにだけは信号を出力することができません。

第6章 踏切遮断機

　＊

列車の接近を検知するセンサには、反射型の「フォト・リフレクタ」を2つ使います。

1つは「接近センサ」として、もう1つは「電車が過ぎ去ったことを検知するセンサ」の役割をもちます。

「RA3」に、このセンサ入力の1つを割り当てて使います。

また、センサの感度は、「33kΩ」の抵抗値で調整が可能です。

値を大きくすると感度が上がりますが、外乱光の影響を受けやすくなるので、明るい日中などに実験する場合は、「10kΩ」程度に下げる必要があります。ただし感度を下げる際は、「センサ」と「電車の底面の光を反射させる部分」との距離を、できるだけ縮めてやる必要があります。

ここは、きちんと調整(10kΩ〜33kΩ)してください。

「半固定抵抗」を付けて調整する場合は、「5kΩの抵抗」と「50kΩの半固定抵抗」を直列にして設定してください。

　＊

回路図には、踏切のサウンドを再現するために、「音声録音／再生LSI」の**ISD1730**をそのまま使いますが、踏切専用回路とするために、「再生ボタン」のみにしました。

したがって、踏切音の録音は、**第2章**で示した基本回路で行ないます。

もし、**第2章**の「録音／再生回路」を作っていない場合は、**第2章**を参照して、「録音ボタン」や「消去ボタン」「マイクの入力端子」を付けてください。

この回路に載せている**ISD1730**は、**第2章**の基本回路を使って、踏切音を録音した状態のものを差し替えて利用していることが前提となっています。

また、スピーカーは**ISD1730**に直接つないでいますが、音量が足りないという場合は、**第4章**で紹介した「アンプ付きスピーカー」にするといいでしょう。

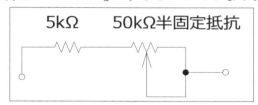

センサ感度の調整用回路

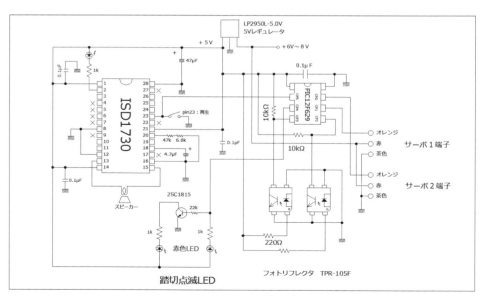

「踏切遮断機制御＆サウンド制御」回路図

「踏切の遮断機」に応用

ISD1730に入れる踏切音は、「スマートフォン」や「小型の録音機」などを使って、実際に近くの踏切に行って録音します。

録音する踏切の場所は、なるべく交通量が少ないところで、録音する時間帯としては、人の往来の少ない休日の早朝がベストです。

理由は、純粋に踏切の音だけを録音することができるからです。

録音してきたら、次の写真のようなケーブルを使って、**ISD1730**のマイク端子に接続します。

音が歪まないように、音量を絞るように調節して、クリアな音で録音できるレベルにします。

もちろん、ISD1730にマイクを付けて、ダイレクトに踏切音を録音してもOKですが、「録音ボタン」を押すタイミングが難しくなるので注意してください。

ISD1730との接続ケーブル例

＊

主なパーツを、下記に示します。

「踏切遮断機制御＆サウンド制御」回路の主な部品表

部品名	型番等	必要数	単価(円)	金額(円)	購入店
音声録音・再生IC	ISD1730	1	250	250	aitendo
スピーカー	SPK-80HM2W	1	280	280	〃
マイコン	PIC16F676	1	130	130	秋月電子
低損失5Vレギュレータ(100mA)	LP2950L-5.0V	1	20	20	〃
フォトリフレクタ	TPR-105F	2	40	80	〃
14PIN丸ピンICソケット		1	25	25	〃
28PIN丸ピンICソケット	600mil	1	60	60	〃
電解コンデンサ	4.7μF 16V	1	10	10	〃
電解コンデンサ	47μF 16V	1	10	10	〃
積層セラミックコンデンサ	0.1μF 50V	4	10	40	〃
チップ抵抗	33kΩ	2	1	2	〃
チップ抵抗	47kΩ	1	1	1	〃
チップ抵抗	6.8kΩ	1	1	1	〃
チップ抵抗	1kΩ	3	1	3	〃
チップ抵抗	560Ω	2	1	2	〃
チップ抵抗	120Ω	1	1	1	〃
赤緑色LED φ7.4mm(赤のみ使用)	LT970CUR	2	20	40	〃
緑色LED φ3	普通	1	10	10	〃
φ3 2色LED(赤・緑)	カソードコモン	1	20	20	〃
パワーグリッド基板	47×36	1	75	75	〃
タクトスイッチ	緑	1	10	10	〃
マイクロサーボ	SG-90	2	400	800	〃
			合計金額	1,870	

第6章 踏切遮断機

制御プログラム

「サーボ」を動かすプログラムは簡単ですが、このままで遮断機の駆動に使うにはスピードが速すぎて、現実の動作とはかけ離れたものになります。

(どちらかというと、高速の料金所にある)ETCバー」の動きに近いものになってしまいます)。

そのため、少し工夫が必要です。

「サーボ」に加える電圧を下げれば、ある程度はゆっくりになるのですが、「4.5V」ぐらいが限界ですし、それでも速過ぎます。

しかし、サーボに回転スピードを落とすような機能はありません。

そこで、プログラムで動作をゆっくりにしてやります。

つまり、指定した角度になるパルス幅を一気に送り込むのではなく、徐々に指定のパルス幅になるようにするのです。

図で示すと、次のようになります。

これをプログラムで実現するには、実際の動きを見ながら、パルスのデューティを細かくいじっていきます。

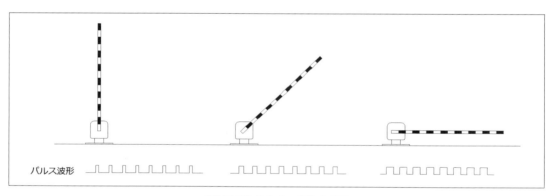

パルス幅を少しずつ変化させる

【リスト8】「踏切遮断機サーボ制御&サウンド」プログラム

```
//------------------------------------------------
//   踏切遮断機サーボ制御・サウンドプログラム
// 2015-9-26(SAT)
// Programmed by Mintaro Kanda
//------------------------------------------------
#include <16F676.h>
#fuses INTRC_IO,NOWDT,NOPROTECT,NOMCLR,BROWNOUT
#use delay (clock=4000000)
int count=0,scount=0;
#int_timer1 //タイマ1割込み処理
void timer_start(){
  //踏切赤LEDの点滅
  if(count>=0 && count<8){
    output_high(pin_C0);
    output_low(pin_C1);
  }
  else{
```

制御プログラム

```c
    output_low(pin_C0);
    output_high(pin_C1);
  }
  count++;
  scount++;
  if(count>15) count=0;

}
void led(int c)
{
  switch(c){
    case 0:output_low(pin_C5);break;        //赤LEDoff
    case 1:output_low(pin_C4);break;        //緑LEDoff
    case 2:output_high(pin_C5);break;       //赤LEDon
    case 3:output_high(pin_C4);break;       //緑LEDon
  }
}
void act(int n)//負論理(pinがlowで赤外線LED_ON)
{
  if(n){//n==1
    output_high(pin_C3);
    output_low(pin_C2);//□をアクティブ(遮断機オープンセンサー)
  }
  else{//n==0
    output_high(pin_C2);
    output_low(pin_C3);//□をアクティブ(遮断機クローズセンサー)
  }
}
int phre(void)
{
  int rv=0;
  if(!input(pin_A3)){ //□のフォトリフレクタ入力・踏切ON
    rv=1;
  }
  if(!input(pin_A2)){ //□のフォトリフレクタ入力・踏切OFF
    rv=2;
  }
  return rv;
}
void tenmetsu(int pat)
{
  if(pat){
    enable_interrupts(INT_TIMER1);
    enable_interrupts(GLOBAL);
  }
  else{
    disable_interrupts(INT_TIMER1);
    disable_interrupts(GLOBAL);
  }
}
void servo(int n)
{
  int i,j,k,du;
  int opv=40,clv=10,mv=64,lpc=5;
```

```c
//opv:バーの跳ね上げ具合、大きいほど角度大
//clv:バーの降り具合、小さいほど角度小
//mv :コントロール信号の周波数に影響□いじらなくていい□
//lpc:コントロール信号を送るときのパルスの個数、5なら5パルス、これは、バーのスピードに
//    事実上影響する　小さいほど早くはなり 大きい場合は遅くなる。 lpc>=1
switch(n){
 case 0:du=0;break;
 case 1://踏切クローズ
 for(k=opv;k>=clv;k--){
  for(j=0;j<lpc;j++){
   output_high(pin_A0);output_high(pin_A1);
   delay_us(600);
   for(i=0;i<k;i++){
    delay_us(20);
   }
   output_low(pin_A0);output_low(pin_A1);
   for(i=0;i<mv-k;i++){
    delay_us(20);
   }
   delay_ms(13);
  }
 }
 //*****************************************************************
//下がりの少ないサーボをもう少しだけ下げる
 for(k=(clv-1);k>=(clv-6);k--){//この場合6の値を調整する。ただし、clvの値まで
  for(j=0;j<lpc;j++){
   output_high(pin_A0);//この場合はA0につながっている下がりが少ないサーボ
   delay_us(600);
   for(i=0;i<k;i++){
    delay_us(20);
   }
   output_low(pin_A0);//この場合もA0につながっている下がりが少ないサーボ
   for(i=0;i<mv-k;i++){
    delay_us(20);
   }
   delay_ms(13);
  }
 }
 break;
 //*****************************************************************
 case 2://踏切オープン
 //========================================================
//下がりの少なかったサーボの下げすぎ分を最初に上げる
//この場合の6は上の行の clv-6 の6と同じ値にする
 for(k=(clv-6);k<clv;k++){
  for(j=0;j<lpc;j++){
   output_high(pin_A0);//この場合もA0につながっている下がりが少ないサーボ
   delay_us(600);
   for(i=0;i<k;i++){
    delay_us(20);
   }
   output_low(pin_A0);//この場合もA0につながっている下がりが少ないサーボ
   for(i=0;i<mv-k;i++){
    delay_us(20);
```

```c
      }
      delay_ms(13);
    }
  }
  //========================================================
  for(k=clv;k<=opv;k++){
    for(j=0;j<lpc;j++){
      output_high(pin_A0);output_high(pin_A1);
      delay_us(600);
      for(i=0;i<k;i++){
        delay_us(20);
      }
      output_low(pin_A0);output_low(pin_A1);
      for(i=0;i<mv-k;i++){
        delay_us(20);
      }
      delay_ms(13);
    }
  }
 }
}
void main(void)
{
 set_tris_a(0x0c);//00,1100  RA2,RA3が入力ポート、他は出力に設定
 set_tris_c(0x0);//00,0000  全ポート出力に設定
 //割り込み設定
  setup_timer_1(T1_INTERNAL | T1_DIV_BY_1);
  set_timer1(0); //initial set

 output_a(0x20);//RA5は、1で踏切サウンドがoff  0で踏切サウンドがon
 output_c(0x0c);//センサの赤外線LEDはいずれも消灯
 servo(2);//踏切音off  遮断機オープン


 delay_ms(500);//電源ONから0.5秒時間待ち
 act(0);
 led(0);led(1);//赤・緑両LED消灯
 for(;;){
  while(!phre());//踏切に入る前を検知するセンサーが反応するまで
  act(1);
  tenmetsu(1);//割り込み開始

  led(1);led(2);//緑消灯、赤点灯
  output_low(pin_A5);//踏切音ON
  delay_ms(100);
  output_high(pin_A5);

  delay_ms(300);//遮断機を下ろすまで300m秒待つ
  servo(1);//遮断機クローズ

  while(!phre()){//踏切通過完了を検知するセンサーが反応するまで
   if(scount>200){
    break;
   }
```

第6章 踏切遮断機

```
    }
    scount=0;
    act(0);
    output_low(pin_A5);//踏切音Off　遮断機オープン
    delay_ms(400);
    output_high(pin_A5);
    led(0);led(3);//赤消灯、緑点灯

    //踏切点滅赤LEDをすべて消灯
    output_low(pin_C0);
    output_low(pin_C1);
    tenmetsu(0);//割り込み停止

    servo(2);//遮断機をオープン
    delay_ms(500);//次の繰り返しまで、待ち時間を0.5秒とる
  }
}
```

「遮断機のバー」は、プログラムの白枠部分のパラメータを変えることで、適切な位置で止まるように調整します。

「サーボ」は、まったく同じ品番のものであっても個体差があるのが普通なので、個別に調整する必要があります。

この調整は、必ず付属してくる、使っていない「サーボアーム」を取り付けて行なってください。これでも、充分に止まる位置は確認できます。

完成したバーは長いので、最初から取り付けた状態で調整を行なうと、予期せぬ位置になった場合に、「サーボ」に無理な力がかかる危険性があるので、充分に注意してください。

また、2つある「遮断機」の「サーボ」にも個体差があり、プログラムではまったく同じ信号を送った場合でも、「バー」の止まる位置が異なる場合もあります。

この場合、2つの「バー」が上がり切ったところで、どちらも直角に近くなる位置になるように、「サーボアーム」を「サーボ」の軸に設定します。

そして、「バー」が下がり切った位置は、どちらか一方が水平になる位置に、プログラム中の「clv」の値を調整します。

この時点で、もう一方は下がり切っていない状態でもかまいません。

＊

次にプログラムの「＊」で囲まれたルーチン中の、「-6」の値を調整します。

この数値の絶対値が大きいほど、下がり切っていない位置から、さらにバーを下げます。

ちょうど水平になる位置までくるように、値を調整してください。

さらに、「＝」で囲まれたルーチン中の、「-6」の値も調整します。

これは、「＊」部分の「-6」と同じ値にします。

この調整値の絶対値は、「clv」の値を超えない範囲で設定してください。

このとき調整する「サーボ」は、下がり切っていないほうなので、よく確認して、「output_high (pin_A1)」にするのか、「output_high (pin_A0)」にするのかを決定してください。

制御プログラム

プログラムの設定内容は、あくまでも私が使った「サーボ」の場合です。

そのため、このプログラムをそのまま適用しても、バーが正しい位置に止まるとは限りません。必ず個別に調整してください。

今回のプログラムでは、サーボの駆動、踏切のLEDの点滅、センサからの信号の処理などを1個の「マイコン」で行なっているため、多少無理があります。

踏切のLEDの点滅は「割り込み」を使っていますが、この割り込みが、サーボの動きに微妙に影響してしまい、遮断機が下りるときにぎこちない動きになることがあります。

*

「サーボ」の動きを作るルーチンが、かなり複雑になってしまいました。

「PICマイコン」にある「ccp」の機能(ここで使っている**PIC16F676**にはない)を使って「PWM」を用いると、プログラムはかなり分かりやすくなります。

また、2つのサーボの動きの個体差を調整するのも簡単になります。

ただ、2つの「ccp機能」が備わっている「PICマイコン」は、**PIC16F873A**や**PIC18F2221**などの28ピン以上のものが主流です。

18Pinタイプの**PIC16F1827**では、4つの「ccp端子」(ccp1〜ccp4)をもっているので、そのような「PIC」を使ってもいいでしょう。

実際に**PIC18F2221**を使って、「ccp」を使ったサーボコントロールを行なってみましたが、上記プログラムの動きと大きく異なることはありませんでした。

「ccp」の値(デューティー比)は「0」〜「1023」の値を指定して「サーボ」をコントロールできます。

この値のうち、「サーボ」に有効な数値として送れるのは、本章の「踏切遮断機」の場合は、「20」〜「50」程度の値だけなので、それほど細かくスムーズな動きを実現することにはなりませんでした。

実験した回路とプログラムを次に示すので、参考にしてください。
(なお、このプログラムは、「サーボ」を動かすだけの部分しか書いていません)。

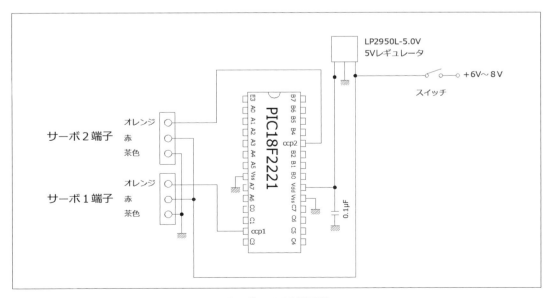

サーボPWM実験回路

第6章 踏切遮断機

「PWM制御」テスト基板

【リスト9】「踏切遮断機制御」のテストプログラム

```
//----------------------------------------------------------------
// PIC 18F2221 によるservo踏切遮断機制御 test プログラム
// Programmed by Mintaro Kanda
//  2015-9-27(Sun)
//----------------------------------------------------------------
#include <18F2221.h>
#fuses INTRC_IO,NOWDT,NOPROTECT,NOMCLR,NOLVP,NOCPD,PUT,BROWNOUT
#use delay (clock=2000000)
#use fast_io(A)
#use fast_io(B)
#use fast_io(C)
#use fast_io(E)
void main()
{
 int i,stl=50,enl=20;//stl:バーが上がったときの値    enl:バーが下がったときの値
 setup_oscillator(OSC_2MHZ);
 set_tris_a(0x0);//全ポート出力設定
 set_tris_b(0x0);//全ポート出力設定
 set_tris_c(0x0);//c全ポート出力設定
 set_tris_e(0x8);//e3ポートを入力設定
 setup_adc(ADC_CLOCK_INTERNAL);//ADCのクロックを内部クロックに設定
 setup_adc_ports(NO_ANALOGS);//全ポートデジタル設定
 setup_adc(ADC_CLOCK_DIV_32);

 setup_ccp1(CCP_PWM);//サーボ1用
 setup_ccp2(CCP_PWM);//サーボ2用

 setup_timer_2(T2_DIV_BY_16,255,1);//PWM周期T=1/2MHz×16×4×(255+1)
                     //      =8.192ms(122.1Hz)
                    //デューティーサイクル分解能
                       //t=1/2MHz×duty×4(duty=0~1023)
 output_a(0x1);
```

「遮断機」本体の作成

```
output_b(0x0);
output_c(0x0);
for(;;){
 for(i=stl;i>=enl;i--){//下げ
  set_pwm1_duty(i);
  delay_ms(90);
 }
 for(i=enl;i<=stl;i++){//上げ
  set_pwm1_duty(i);
  delay_ms(90);
 }
 delay_ms(1000);
}
}
```

「遮断機」本体の作成

次に、「遮断機」本体の作成です。

だいたい、下の図面のように作ります。

「サーボ」本体は、「遮断機」本体によく似ているので、別ケースなどに入れずに、このままカラーリングして使います。

「サーボ」本体にある「固定用のツバ」は、切り取ります。

「固定用のツバ」は切り取る

のこぎりで切る際は、配線コードを切らないように慎重に行ないます。

カッターである程度切り込みを入れて、ペンチで挟んで折り切ってもいいでしょう。

次に、φ(直径)7mmの「アルミ丸棒」を、長さ13mmに切って、「サーボ」に接着します。

これが、「遮断機の支柱」になります。

この「アルミ丸棒」には、あらかじめ片方の中心にφ2.6mmのネジを切っておきます。

このネジは、「ベース板」から固定をするためのものです。

また、「アルミ丸棒」を切断した面は、直角になるようにします。

第6章　踏切遮断機

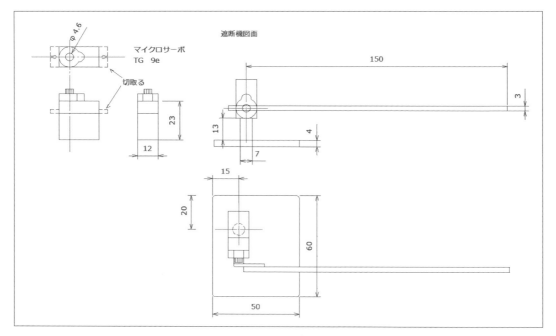

「遮断器」の図面

　断面が直角になっていないと、「支柱」が垂直になりません。できれば、「旋盤」を使って突っ切りをすれば、完璧です。

　これらの方法について、詳しく知りたい方は、書籍「やさしいロボット工作」(工学社刊)を参照してください。

遮断機の「支柱」($φ7mm×13mm$)

「支柱」を、「サーボ本体」中央に接着

スーパーX接着剤

　「支柱」は、「サーボ」本体の中央に、接着剤で固定します。
　このとき使う接着剤は、セメダインの「スーパーX」などがいいでしょう。

　そして、「サーボ」本体に、「遮断機」の

「遮断機」本体の作成

BOXらしくカラーリングを施します。

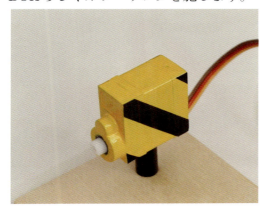

「サーボ」本体にカラーリング

*

次に、「遮断機のバー」を作ります。

最初は、4mmの「アルミ棒」(5.7g)で作りましたが、重くなってしまいサーボに負担がかかることを避けるために、最終的には「竹ぐし」にカラーリングした紙を巻く軽量方式(1g)でいくことにしました。

芯に「竹ぐし」を入れるので、剛性は充分です。

まず、フリーの「タック用紙」(粘着付き)にプリンタで印刷します。

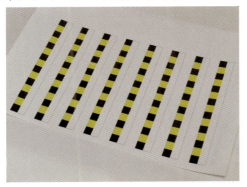

プリンタで「バー」のシールを印刷

そして、市販の「竹ぐし」(長さ150mm)に貼りつけます。

「竹ぐし」と「バーのシール」

シールを「竹ぐし」に貼る

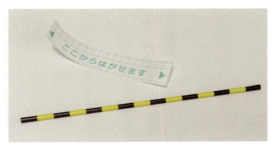

「バー」が完成

「バー」が完成したら、「合成ゴム接着剤」で「サーボアーム」に接着します。

「サーボアーム」を接着

*

次に、「ベース板」を作ります。

材料には、4mm厚の「シナベニア」を使います。

大きさは次の図のとおりで、2枚作ります。

第6章　踏切遮断機

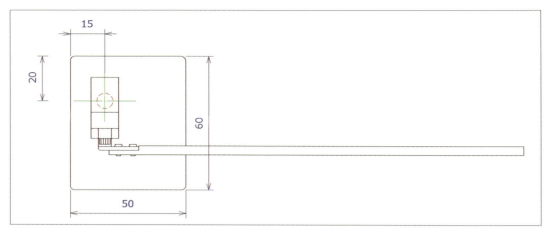

遮断機の「ベース板」

そして、「サーボの支柱」を、「ベース板」の裏側からネジで固定して完成です。

次に、「コントロール基板」と「スピーカー」を入れるBOXを、4mmの「シナベニア」と、1mmの「アルミ板」で作ります。

図面は次ページの図のとおりです。

バッテリには、ラジコン（ミニッツレーサー）用の「Li-Fe3.3Vバッテリ」を2個使いました。

非常に小型で、2つ直列にすると「6.6V」になるので、小さなケースに入れるには都合がいいためです。

ただ、そのぶん高価なので、価格を抑えたいときは「単三電池」を4本使ってもいいでしょう。

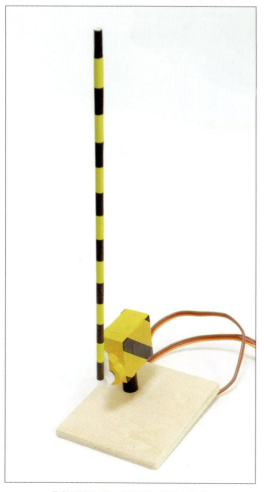

「遮断機のバー」を取り付けて完成

Li-Fe3.3Vバッテリ

＊

「遮断機」本体の作成

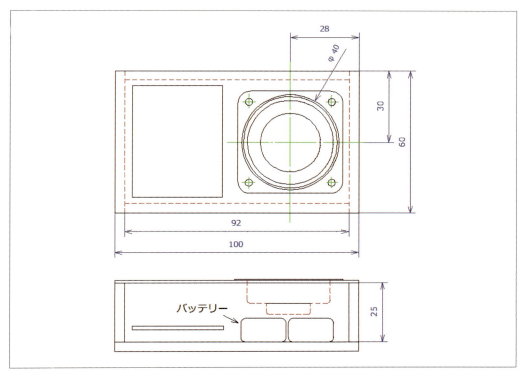

「コントロール基板」と「スピーカー」を入れるBOXの図面

また、その他として、「踏切」部分の作り方の概要を挙げておきます。

必ずしもこのように作らなければいけないということもないので、好みで作ってかまいません。

私は、だいたい次ページの図面のように作ってみました。

まず、点滅する「LED」については、シャープの**LT970CUR**を使います。

この「LED」は、「赤」と「緑」の2色LEDですが、今回は「赤」のみ使います。

固定しやすいように、φ2mmの穴を、深さ3mmで開けます。

この穴あけ作業では、必ず「LED」を「バイス」などで固定して行なってください。

また、穴が深すぎて、「LEDチップ」本体まで達することのないように、慎重に開けましょう。

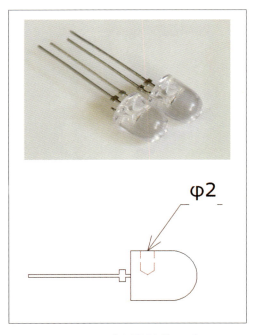

φ2mmの穴を開けた「LED」

そして、2mmの「アルミ棒」(または「真鍮棒」)を長さ68mmで切って、端からそれぞれ12mmのところで直角に曲げて、「LED」に開けた穴に差し込みます。

第6章 踏切遮断機

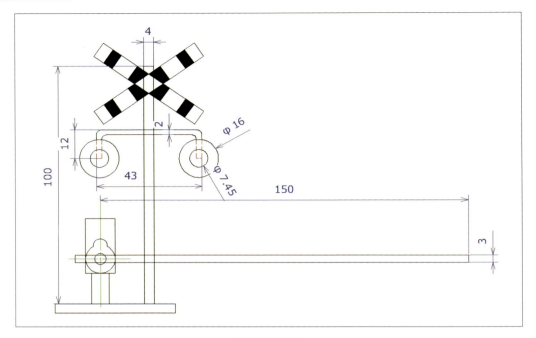

「踏切」の図面

折り曲げの際に完全に折れて切断してしまうことがあるので、作業はゆっくりと慎重に行なってください。

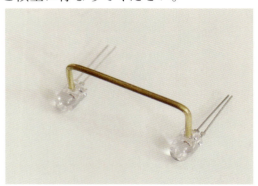

2mmの「アルミ棒」(真鍮棒)を曲げて、LEDの穴に差し込み、接着する

*

次にLED回りの「リング」を、次の図ような寸法で、1mm厚の「アルミ板」から切り出します。

また、切り出す作業の前に、中心にLEDを入れる穴をφ7.5mmのドリルで開けておきます。

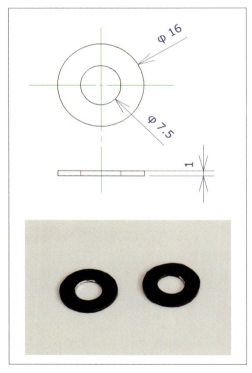

踏切リング

「リング」は黒で塗装しておきます。そして、それぞれをφ4mmの「アルミパイプの支柱」に接着します。

「遮断機」本体の作成

また、接着する前に、「アルミパイプの支柱」の接着部分は平らに削っておきます。

削らないと接着が不十分になるため、注意してください。

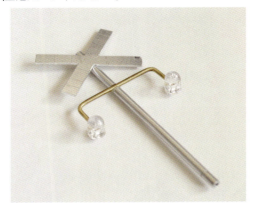

踏切の各部品をφ4mmの「アルミパイプの支柱」に接着

「遮断機バー」のときと同じように、プリンタで黒と黄色の模様を印刷して貼りつけます。

単色の部分は塗装をしたほうが簡単でしょう。

また、「LED」にはクリアレッドの塗料で塗装し、上部には「覆い」を付けて黒で塗装します。

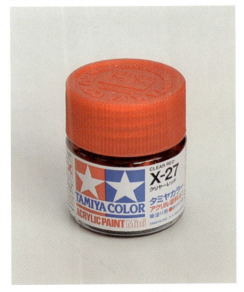

クリアーレッド塗料

完成した踏切

そして、「LED」の配線は0.3mm程度の「ポリウレタン線」などで、裏側を次の写真のように配線します。

その後、「支柱」の後ろ側を通してから、先端にビニール線を取り付けて、基板の「ピンヘッダー」に接続します。

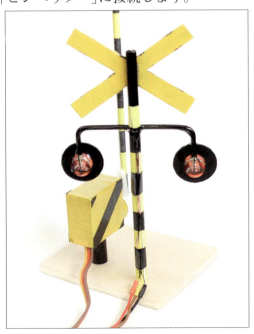

踏切の裏側の「LED」からの配線状態

85

第6章　踏切遮断機

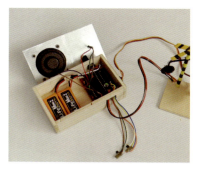

「コントロールBOX」の配線

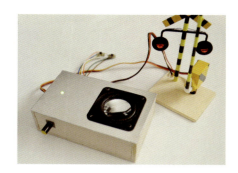

完成した「踏切コントロールBOX」

電車の接近を感知する「センサ」の取り付け

電車が踏切に近づいたことを検知して、「遮断機」を作動させるために、踏切の手前に「センサ」を設置します。

今回は、赤外線反射型の「フォト・リフレクタ」を使います。

1個40円程度と安価で、電車本体に改造を行なう必要もありません。

（プラレールで実験する場合、プラレールの下部に黒以外の色（シルバーや白）があればOK）。

フォト・リフレクタ

矢印部分でセンサが反応する

今回は、「プラレール」に実装して実験してみることにします。

*
まず、「2.54mmピッチ基板」に「フォト・リフレクタ」をハンダ付けします。

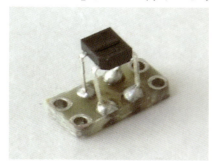

基板にハンダ付け

これを、「プラレールの線路」の中央に接着します。

接着する基板の裏側は、ヤスリで平面に削っておきます。

「プラレールの線路」は、接着剤が効きにくい素材なので、「合成ゴム系」のものを使います。

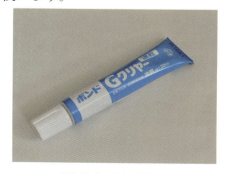

「合成ゴム系」の接着剤

電車の接近を感知する「センサ」の取り付け

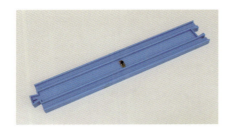

「センサ」を接着

接着が充分に固まったら、基板の外側の4つある穴から、φ1mmのドリルで線路に穴を開けて貫通させます。

ドリルで4か所穴を開ける

そして、「4ピンのピンソケット」を写真のように取り付けます。

取り付け部分は、ニッパーなどで欠き取ります。それほど難しい作業ではありません。

そして、先ほど開けた4か所の穴を通して配線します。

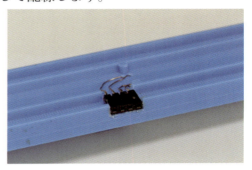

4ピンソケットを取り付け

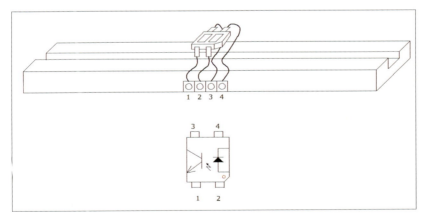

「プラレール線路」に取り付けた、「フォト・リフレクタ」の配線図

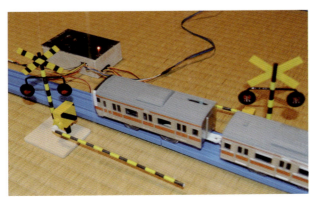

完成後にプラレールで実演

第7章 「赤外線光線銃」の射的

製作費 約1,000円

本章では、100円ショップで販売している「BB弾ピストル」を、「光線銃」(弾の出ないピストル)に改造して、ペットボトルを撃つ射的を試してみます。

★学習する知識
電気を溜める電子部品「コンデンサ」

本章で使う「BB弾ピストル」(ダイソー)

「光線銃」の光線源には、懐中電灯やペンライトに使われていた、「ニップル球」というレンズ付きの電球を使います。

今では珍しくなりましたが、電気量販店やホームセンターなどでも扱っています。

ただし、懐中電灯が「電球」から「LED」に急速に変わりつつあるので、いずれ手に入らなくなるかもしれません。

「そうなったら、ニップル球をLEDに変えればいいじゃないか」と思うかもしれませんが、本章の「光線銃」では、そうもいきません。

*

その理由は、「光線銃」の受光部に使う「フォト・トランジスタ」が、波長の低い光(赤外線)によく反応するようになっているためです。

また、ここで使う「フォト・トランジスタ」製品には、「赤外線」以外の光をシャットアウトするフィルタが入っています。

フィルタが入っていないと、「光線銃」以外からの光にも反応してしまうためです。

もちろん、太陽光など「赤外線」が含まれているものもあるので、昼間の比較的明るい部屋では、反応してしまうかもしれません。

しかし、なるべく「光線銃」の光だけに反応してほしいので、それを実現するための工夫をいろいろとして製作します。

*

「ニップル球」を使うもうひとつの理由は、「ガラスのレンズ」が付いていることです。

「電球」と「LED」の違い

これによって、光の拡散を極力少なくし、1点に集中させて的に当てることができます。

ニップル球(2.2V 0.25A)

「電球」と「LED」の違い

「電球」と「LED」の違いを、下の表にまとめてみます。

＊

表の項目には入れませんでしたが、「電球」は、電圧を上げていくとどんどん明るく光り、やがて発光部分である「フィラメント」が切れてしまいます。

いったん「フィラメント」が切れると、電球そのものを交換するしかありません。

そのため、電球は指定された電圧の範囲で使うことが重要です。

ここで使う「ニップル球」は「2.2V」なので、せいぜい「3.2V」(1.5Vの電池を2個直列)までで使うのが原則です。

たとえば、それに電池3本を直列につないで「4.5V」～「4.8V」で使うとどうなるかというと、当然、電池2本のときよりも明るく光りますが、すぐに「電球」(フィラメント)が切れたり、そうでなかったとしても寿命は極端に短くなります。

＊

では、「LED」ではどうなのかというと、そもそもLEDは、電池に直接つないではいけません。

「LED」は半導体なので、電池をつないだときに流れる電流の大きさが、電球とはまったく異なるのです。

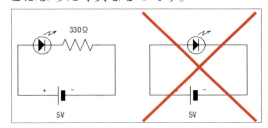

「LED」を電池に直接つないではいけない

「電球」の場合は、「かけた電圧」と「流れる電流」の関係が、ほぼ比例で増えていきます(完全に比例というわけではありません)。

「電球」と「LED」の違い

比較項目	電球(懐中電灯用豆電球)	LED(照明用一白色)
使用電圧(おおむね)	2.5V～7.2V	3V～5V
流れる電流(おおむね)	350mA	50mA
光る部分	フィラメント	半導体
極性	なし	あり
電池に直接接続	できる	電流制限が必要
赤外線	多く含む	あまり含まれない
同じ明るさの場合の消費電力	多い	少ない(電球の約1/8)
寿命	LEDより短い	電球より長い
大きさ	比較的大きい	小さい
その他	割れやすい	割れにくい

第7章 「赤外線光線銃」の射的

しかし、半導体である「LED」では、ある電圧までは、まったく光りもしない（電流が流れない）のに、ある電圧以上になると、急激に電流が流れて明るく光りだし、すぐに壊れてしまします。

「光らないときの電圧」と「光り出してからの電圧」は紙一重なので、「電球」のように電圧の値をコントロール（電池を1本にする、2本にするなど）して、明るさを調整できないのです。

そのため、急激な電流が流れることで「LED」を壊さないように、電流を制限するための抵抗を入れたり、「定電流ダイオード」と呼ばれる、ある一定の電流以上は流さないようにする部品を入れたりしています。

これによって、電圧の違いで明るさをコントロールすることも可能になります。

製作する「光線銃」の原理

ここで作る「光線銃」は、前述したように「電球」（ニップル球）を使って作りますが、ちょっと変わった原理で光らせます。

「光線銃」とは言え、銃から光が延々と出ていては、「標的を狙い撃つおもちゃ」としての面白さは半減してしまいます。

そこで、カメラのストロボのように、一瞬だけ強力に光らせるようにします。

「電球」の場合、継続的に強力に光らせると切れてしまうので、それを防ぐ意味もあります。

*

では、どのようにして一瞬だけ強力に光らせるかですが、ここで使うのが、「コンデンサ」と呼ばれる、電気を蓄えることのできる部品です。

「コンデンサ」の性質は、電池につなぐと一瞬にして電気が蓄えられ、その後、電池からコンデンサへの流れは止まります。

「どれぐらいの電気が溜められるか」や、「何Vまでの電圧をかけてもOK」などで、いろいろな種類のものが売られています。

当然ですが、たくさんの電気を溜められるもの、耐えられる電圧が高いほど、サイズは大きくなります。

また、「極性」（＋－）のあるタイプと「無極性」のものがありますが、ここで使うのは、「電解コンデンサ」と呼ばれる極性のあるタイプのものです。

「1000μF 10V」と「1000μF 16V」の比較

今回は、9Vの「角電池」（006P）を使って、このコンデンサに溜めた電気を、「ニップル球」につないで光らせます。

通常は1.5Vの電池2本で光らせる電球に、9Vもの電圧をかける理由は、単純に「強力に光らせるため」です。

006P 9V電池

しかし、その電圧をかける時間はほんの一瞬でないと、「電球」がすぐに切れてしまうので、「コンデンサ」の容量を正しく設定する必要があるのです。

容量の大きな「コンデンサ」では、「電球」は長く光ることになるので、すぐに切れる可能性が高くなります。

逆に、容量が小さすぎると、「電球」が充分に光らなくなってしまいます。

また、「電解コンデンサ」の容量が大きくなれば、サイズも大きくなってしまうため、ピストルの中に収まらない恐れもあります。

そのため、工夫が必要です。

＊

「コンデンサ」は、「1000μF-10V」というものを3個使います。

つまり、「1000μF×3個＝3000μF」で使うということです。

「3000μF」という「電解コンデンサ」も売っていますが、サイズが大きいことと、それなりに価格が高いというため、「1000μF-10V」（単価20円）を3個使ったほうがいいでしょう。

ここで、重要な知識を頭に入れましょう。

1000μFの「電解コンデンサ」を3個使って、容量を3倍の3000μFにするための接続方法は次のどちらだと思いますか？

直列接続

並列接続

正解は、「並列接続」です。

これは、電池の電圧を2倍にするときに「直列接続」をするのとは逆になりますが、「並列接続」でも容量が2倍になると考えると、同じとも言えます。

ちなみに「直列接続」の場合は、「コンデンサ」の容量は「3分の1」になってしまいます。

つまり、この場合は「333μF」になるということです。

このように見ると、「コンデンサの直列接続」には何のメリットもなさそうに思いますが、そんなことはありません。

「直列接続」の場合は、「耐圧」は2個直列ならば2倍、3個直列ならば3倍になります。

ですから、「耐圧」が「10V」の場合、3個直列で「30V」となります。

もちろん、「並列接続」の場合は、「耐圧」に変化はありません（この場合は、10Vのまま）。

これらは、「コンデンサ」の重要な特徴のひとつなので、覚えておきましょう。

第7章 「赤外線光線銃」の射的

回路図

「光線銃」を構成するための回路図と部品表は、下のとおりです。

*

この回路を、「BB弾ピストル」の中に実装します。

「ボタンスイッチ」には、秋月電子で販売している、2回路2接点(6端子)の「押しボタンスイッチ」(オルタネート型)を使います。

ボタンを押したときに、「豆電球」側につながるように配線します。

※「オルタネート型」とは、一度押すとオンになり、もう一度押すとオフになるもの。

「3端子のスイッチ」が2回路ぶんあるので、全部で「6端子」になっています。

このスイッチの許容電流値は、「10mA」とかなり低いので、スイッチは2回路を並列にして使います。

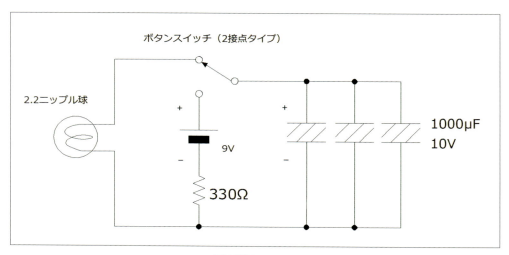

「光線銃」の回路図

「光線銃」の主な部品表

部品名	型番等	必要数	単価(円)	金額(円)	購入店
BB弾ピストル		1	108	108	ダイソー
豆電球ソケット	朝日電器ELPA	1	77	77	ヨドバシカメラ
ニップル球	2.2V 0.25A	1	43	43	ヨドバシカメラ
9V角電池(アルカリ)	006P	1	100	100	秋月電子
9Vバッテリスナップ	ソフトタイプ	1	20	20	〃
電解コンデンサ	1000μF 10V	3	20	60	〃
基板用押ボタンスイッチ	**PS-70S**(オルタネート型)	1	50	50	〃
1/4W抵抗	330Ω	1	1	1	〃
			合計金額	459	

「BB弾ピストル」の改造

それでも、「20mA」にしかならないので、「コンデンサ」から「電球」に電流が流れるときには、定格オーバーになります。

しかし、一瞬なので問題なく使えます。

もし、電流値に不安がある方は、**8MS8P1B05VS2QES-1**(120円 3A モーメンタリ型)を使うといいでしょう。

＊

ボタンをもう一度押すと、「電池」側につながります。

「コンデンサ」と「スイッチ」は常時つながった状態になっていますが、「コンデンサ」は満充電になると、電気がまったく流れなくなるので、問題ありません。

また、「330Ωの抵抗」を付ける意味は、光線の連射をできなくするためです。

この「抵抗」があることで、「コンデンサ」への充電に多少の時間がかかることになります。そのため、連射しようとしても充分な電気が溜まらない状態ではできないということになります。

この抵抗値を上げれば上げるほど、次の発射までの時間が長くなります。逆に抵抗の値を小さくすれば、次の発射までの時間は短くなります。

「抵抗」を入れない場合、連射ができてしまい、ゲーム性がなくなるだけでなく、すぐに電球が切れてしまうので、注意しましょう。

2回路2接点(6端子)の押しボタンスイッチ「PS-70S」

「BB弾ピストル」の改造

さっそく、「BB弾ピストル」を「光線銃」に改造します。

＊

まず、「BB弾ピストル」本体を固定しているネジを、ドライバーで外します。

4か所のネジを外す

そして、「BB弾ピストル」のケースを開けます。

このとき、中のバネが飛び出てくる危険性があるので、ていねいに開けます。

できれば、バネが飛び出してくることを想定して、ゴーグルなどを身に付けて作業してください。

ケースを開けた状態

「光線銃」に改造する際には、2つのバネや、引き金、BB弾入れ口のふたなどは使いません。

＊

次に、写真の楕円で囲んだ部分をニッ

第7章　「赤外線光線銃」の射的

パとペンチを使って、欠き取ります。

このとき、最初はニッパーで2,3mmぐらい切り込みを入れて、徐々に切り込み量を多くしていきます。

一気に切り込むとピストル本体までヒビが入るので注意してください。

切り込みが入ったら、ペンチでつかんで折り切ります。

欠き取った後の状態

*

次に、「引き金」に相当する、「プッシュスイッチ」を取り付けるための切り込みを入れます。

その際、「白いテープ」をスイッチの大きさ（7mm×7mm）に切って貼り、その外側にカッターナイフで、切り込みを入れます（墨線を入れる）。

楕円部分を欠き取り

ニッパーで切り込みを入れる

欠き取る部分に切り込みを入れる

そして、テープを剥がして、その部分を欠き取ります。

ここでもニッパーを使い、まず端の2箇所に、カッターで入れた線に沿って1.2mmの切り込みを入れます。

あとは、その中にも同様に切り込みを入れていくと、キレイに欠き取ることができます。

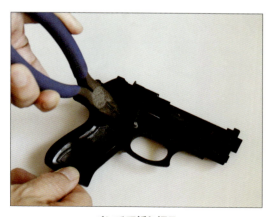

ペンチで折り切る

「BB弾ピストル」の改造

ニッパーで切り込みを入れる

「引き金スイッチ」の取り付けが完了

「スイッチ」は、接着剤で片方の切り込み側だけ接着します。

接着剤は、**第6章**でも使った「スーパーX」などを利用してください。

また、接着した「スイッチ」の周りに、さらに接着剤を付けて、外れにくくします。

そして、接着剤が固まるまでの2～3時間は、最初に外した4箇所のネジを締めて、固定しておきます。

「引き金」の接着後

＊

次に、「ニップル球用のソケット」を取り付けます。

「ソケット」のカバーは取り除き、「金属ソケット」の部分だけを使います。

まず、「割りばし」を半分に切って「ソケット」の根本に挿し、「割りばし」をハンマーで叩きます。これで、中の「金属ソケット」だけが出てきます。

「割りばし」を入れてハンマーで叩く

「金属ソケット」だけを外す

食品の空き箱などの厚紙を「8mm×70mm」で切って、「ソケット」の周りに接着剤で貼ります。

第7章　「赤外線光線銃」の射的

厚紙を「ソケット」の周りに貼る

「コンデンサ」を接着

　そして、「BB弾ピストル」の先端（銃口の部分）に取り付けます。
　このとき、接着は片側だけにします。電池の交換のときに本体を開けることができるようにするためです。

「ソケット」を「BB弾ピストル」の先端に接着

＊

　次に、「1000μFのコンデンサ」3個を、並列接続したものを接着します。
　並列に接続するときは、必ず同じ極同士（＋は＋、－は－）で接続してください。できれば、ハンダ付けをしたほうがいいでしょう。

＊

　そして、次の写真のように配線して完成です。
　配線図を参照して、間違えないよう注意してください。
　特に、「スイッチ」の端子については、3本のうちの真ん中が、「コンデンサの＋端子」になっています。

　配線が完了したら、ケースを元に戻して、ネジ止めをします。

完成した光線銃

「光線銃」の標的

　次に、「光線銃」の標的を作ります。
　いろいろなものが考えられますが、ここではペットボトルを使い、「光線銃」が当たると、半分に分離するというものにしてみます。
　（かつて、任天堂から同様のものが売られていた記憶があります）。

　仕組みは、「光線銃」が、標的の「フォト・トランジスタ」（受光部）に当たると、「電磁石」に電流が流れて、ペットボトル上部に取り付けてある磁石が反発して外れるという、至極単純なものです。

＊

　回路図と部品表を示します。

「光線銃」の標的

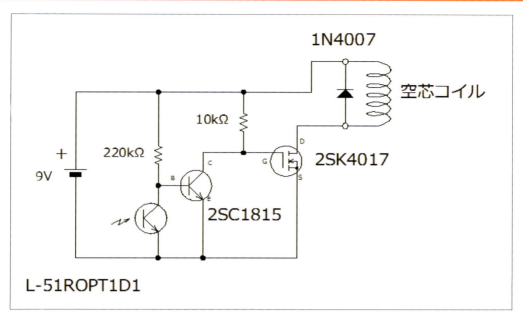

「受光部」の回路図

「受光部」の主な部品表

部品名	型番等	必要数	単価(円)	金額(円)	購入店
Nch FET	2SK4017	1	30	30	秋月電子
NPN トランジスタ	2SC1815	1	5	5	〃
ダイオード	1N4007	1	10	10	〃
9V 角電池(アルカリ)	006P	1	100	100	〃
9V バッテリスナップ	ソフトタイプ	1	20	20	〃
フォトトランジスタ	L-51ROPT1D1	1	20	20	〃
1/6W抵抗	10kΩ	1	1	1	〃
1/6W抵抗	220kΩ	1	1	1	〃
円形ネオジム磁石	φ12mm×1mm	3	70	210	マグファイン
ポリウレタン線(27m)	0.4mm	27	4	108	電線ストア
			合計金額	505	

　回路は、25mm×17mmの「ユニバーサル基板」を使って作ります。

　基板からは、「電池」「フォト・トランジスタ」「電磁石」のそれぞれに接続するための、「ピンヘッダ」を付けておくと便利です。

　「ピンヘッダ」を使うときは、それぞれ極性があるので、接続ミスをしないように注意しましょう。

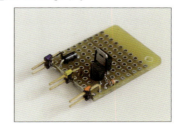

「受光部」の回路基板

第7章　「赤外線光線銃」の射的

*

次に、「標的」本体を作ります。

ペットボトルは、ここでは角型のものにしました。

特に決まりではないので、適当なものでかまいません。アルミ缶などでもいいでしょう。

次の写真のように、カッターで切るというよりは、「差し込む」感覚で刃を入れていきます。

このとき、できればカッターの刃は新品にして、よく切れる状態で行ってください。

切れない刃を使うと、必要以上に力を入れてしまい、怪我のもとになります。

切り方は、どのようしてもいいですが、ギザギザに切ったほうが壊れた感じがしていいと思います。

カッターで切っていく

切れた状態

*

続けて、次の図面のような「ボビン」を作って、「電磁石」を製作します。

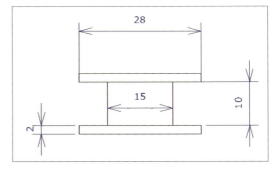

「電磁石ボビン」の図面

「ボビン」は、「木の丸棒」を芯にして作ります。

いわゆる「空芯コイル」を作るのですが、線を巻くときに何もないと巻きにくいので、非磁性体の木を使うことにします。

非磁性体である「アルミ棒」などでもいいでしょう。

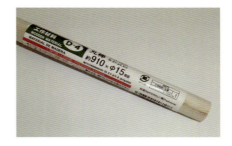

φ15mm木材丸棒

「10mmのテープ」を巻いて、それをガイドにのこぎりで切ります。

このようにすることで、比較的正確に切ることができます。

10mmのテープを巻いて切る

次に、「コイル線」を巻くときのガイドになる「つば」を作ります。

お菓子の外箱などの厚紙を使って、「直径28㎜」で作ります。

できれば厚手のほうがいいため、6枚ほど切り出し、3枚ずつ貼り合わせて、木芯の上下に木工用接着剤（木工ボンド）で貼ります。

貼り合わせた後の厚さが「2mm」程度になるように、貼り合わせの枚数は調節してください。

円の切り出しには、「円切りカッター」を使うと便利です。

また、直径15mmのところにも軽く切り込みを入れておくと、木芯の中心に接着するときの目安になります。

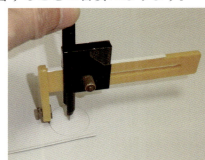

円切りカッターで厚紙から切り取る

「ツバ」と「木芯」を接着するときには、接着剤はそれぞれに塗ってください。

貼り合わせて完成した「ツバ」

完成した「コイル用ボビン」

そして、これに0.4mmの「ポリウレタン線」を巻いていきます。

巻く回数は「400回」です。

この「電磁石」にかける電圧は「9V」なので、そのとき流れる電流を「1.5A〜2.0A」程度になるようにするためです。

計算上では、「約2.5A」流れますが、実際にコイルを巻くと理論値どおりに密には巻けないので、これよりは下がります。

地道に手で巻いてもいいですが、持ちにくい形をしているので、何か工夫をしてみてください。

もし、短時間で確実に巻きたいと思った人は、書籍「電磁石のつくり方」（工学社刊）を参考にしてみてください。

0.4mmポリウレタン線

第7章　「赤外線光線銃」の射的

400回巻きの「電磁石」

線を巻き終わったら、巻いた線がバラけないように、周りを「5分硬化型のエポキシ接着材」を塗って固めます。

この接着剤は、接着する直前に「A剤」と「B剤」を等量混ぜて使います。

5分硬化型のエポキシ接着材

完成した「電磁石」に、「9V」の電圧をかけて流れた電流値を確認してみると、「約2A」流れました。多少設計とは違いますが、問題のない値です。

*

「電磁石」が完成したら、「電池」「基板」「電磁石」などを、切断したペットボトルの下方部に実装します。

その際、次のような「スペーサー」を厚紙で作ると、実装しやすくなります。

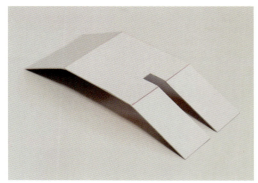

スペーサー

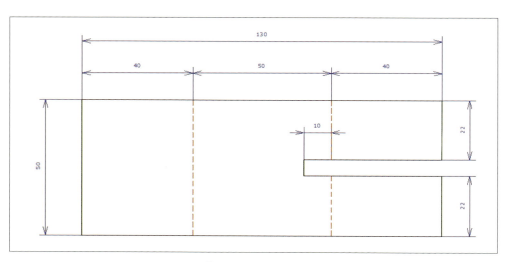

「スペーサー」の図面

「光線銃」の標的

また、「フォト・トランジスタ」を取り付けるための穴も開けます。

「フォト・トランジスタ」はそのまま取り付けてもいいのですが、「フード」を付けると外乱光の影響を受けにくくなります。

外乱光の影響を受け過ぎる場合は、「フード」の長さなども工夫してみてください。

ネオジム磁石を取り付けたところ

「フォト・トランジスタ」(右)と、「フード」を付けた「フォト・トランジスタ」(左)

「受光部」の下半分の実装の様子を写真で示します。

「受光部」の下半分

*

最後に、ペットボトル上部の下に、φ12mm厚さ1mmの「ネオジム磁石」を付けます。

付け方は次の写真を参考にしてください。

その際、「ネオジム磁石」が電磁石の中心に来るようにします。

これが大きくズレると、うまく反発してくれません。

また、あえて1mm厚の「ネオジム磁石」を使ったのは、磁石の個数で動きに変化があるかどうかを試してもらうためです。

「1枚」のときと、「3枚」のときの違いなども体験できれば、いろいろと勉強になると思います。

「電磁石」の置く位置は中心にはしていませんが、この位置もいろいろと変えてみて、ペットボトルが最もリアルにはじけるように調整してみてください。

さらに、「9V電池」を2個にしてみることで、1個のときよりも勢いよくはじけるかどうかも試すと、面白いかもしれません。

（受光部の回路には、「18V」をかけても問題ありません）。

完成した「光線銃」の的

101

第8章 侵入者探知機

プログラム　製作費　約2,000円

「備えあれば患いなし」、生活安全の備えも日ごろが大事です。
そこで、本章では「侵入者探知機」を製作していきます。
人体を7m程度の範囲で検知し、侵入者に警告メッセージを発して撃退するものです。

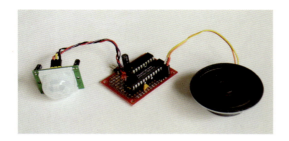

★学習する知識
「人感センサ」の使い方

夜に家の玄関入ると、真っ暗で困ることがよくありますが、最近では「人の動き」を検知して、電灯が点くという照明器具もかなり普及してきました。

これによって、電灯の点けっ放しもなくなり、節電にもつながっています。

このような照明に使われている「人感センサ」はかなりの優れもので、本当によく人を検知してくれます。

最近では秋月電子でも、この「センサ・モジュール」を安価で販売するようになったので、使ってみることにします。

このセンサの応用範囲はかなり広いので、いくつかの例を紹介して、最終的には、不審者を撃退するのに実用的な、音声を発生させる装置にしてみます。

「人感センサ・モジュール」の最も簡単な使い方

本章で使うのは、秋月電子で1個400円で販売されている、「焦電型赤外線センサ・モジュール」というものです。

私は、以前写真のような「焦電型赤外線センサ」を単体で購入して、実験をしたことがありました。

しかし、このセンサと回路だけでは、今ひとつ期待どおりの結果にはならなかった印象がありました。

その理由は、センサの性能を飛躍的に高める、「フレネル・レンズ」というものが重要だったからです。

焦電型赤外線センサ

102

このレンズは、人間などが発する赤外線を効率よく集めて、センサに送る役目をもつものです。

フレネル・レンズ

本章で使う「焦電型赤外線センサ・モジュール」には、この「フレネル・レンズ」が付いていおり、すぐに利用できます。

まず、その効果を試すために、最も簡単な配線で動作を確認してみましょう。

回路図は、次のようになります。

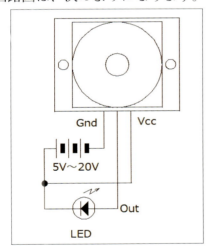

「焦電型赤外線センサ・モジュール」の簡易実験回路

回路は至極簡単で、「センサ・モジュール」から出ている3つの端子に、電源となる単三電池3本を直列につなぎ、真ん中の「OUT端子」に「高輝度のLED」を抵抗なしでつなぐだけです。

配線が終わったら、センサ付近を歩いたり、遠ざかったりしてみてください。

「フレネル・レンズ」の視野角は120度なので、その範囲から出れば、感知しなくなり、範囲に入れば検知（LEDが点灯）します。

実際にやってみると、みごとに検知していることが分かります（ただし、電源投入後、安定動作までは、1分ほどかかります）。

検知距離は、基板に付いている「半固定抵抗」の「SX」を回すと、「7m」までの範囲で調整できるようです。

また、検知してからオンになっている「継続時間」については、「半固定抵抗」の「TX」を回すことで、「8秒～15分以上」で設定できますが、左いっぱいに絞ると「2秒」程度まで短くできるようです。

応用的な使い方

上記の実験で、モジュールの効果を簡単に確認することができました。

このモジュールのポピュラーな応用例としては、「接近ライト」があります。

これも、簡単な回路で実現できます。

照明用の「1W LED」を付ける例を示します。

このモジュールの待機電流は、「65μA」と低いため、LEDが点灯していないときは、ほとんど電力を消費しません。

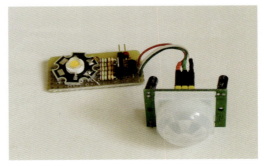

「1W LED」ドライブ回路基板

第8章　侵入者探知機

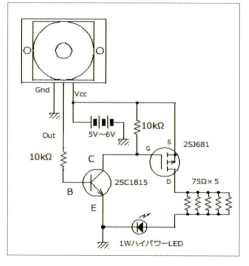

「1W LED」ドライブ回路

また、トランジスタの出力に接点容量が「100V」以上の「リレー」を付ければ、「AC100」の負荷をドライブすることもできます。

侵入者探知機

先述したように、「焦電型赤外線センサ・モジュール」を使えば、人間が接近することで、さまざまな機器を動かすことができます。

そこで、侵入者を撃退するための、「侵入者探知機」に応用してみます。

すでに、ホームセンターなどでは、人が近づくとライトが点灯する商品が売られています。

確かに、これでも悪意をもった侵入者にプレッシャーは与えられると思いますが、昼間の時間帯では、効果が薄くなってしまいます。

そこで、「ライト」を付けるのではなく、「音声によって威嚇する」というものにしてみます。

第3章で扱った「音声合成モジュール」と組み合わせて、侵入者を検知したら、たとえば、

> 侵入者を検知しました。
> 警備会社へ情報を発信しましたので、しばらくそのままでお待ちください。

などのような音声を流します。

もちろん実際には、そういうメッセージを流すだけですが、ほとんどの侵入者は警戒して、その場を立ち去ることになるでしょう。

メッセージは、侵入者が驚きそうなものであれば、「何をしているんだ！」だけでも、びっくりするはずです。

*

では、回路図と部品表を示します。

第3章で紹介した「音声合成LSI」の**ATP3011**を使います。

ATP3011に「文字列メッセージ」を送るマイコンには、**PIC16F819**を使うことにしますが、**PIC18F2221**など「SPI通信機能」をもつPICならば、どれでもOKです（プログラムの変更は多少必要になります）。

また、スピーカーの出力は、1個の「トランジスタ」で簡単に増幅をしているだけなので、とりあえず聞こえる程度です。

音量をもっと大きくしたい場合は、**第4章**の「スピーカーBOX」と「アンプ」を参照してください。

プログラム

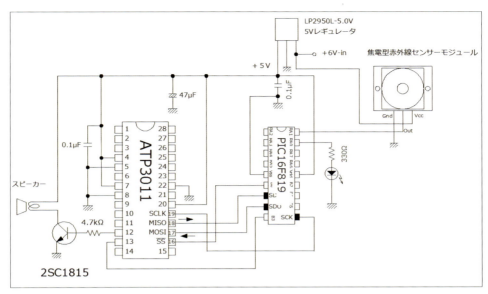

「侵入者探知機」の回路図

「侵入者探知機」の主な部品表

部品名	型番等	必要数	単価(円)	金額(円)	購入店
音声合成IC	ATP3011	1	850	850	秋月電子
28PIN 丸ピンICソケット		2	60	120	〃
マイコン	PIC16F819	1	240	240	〃
NPNトランジスタ	2SC1815	1	10	10	〃
低損失5Vレギュレータ（100mA）	LP2950L-5.0V	1	20	20	〃
焦電型赤外線センサモジュール	SKU-20-019-157	1	400	400	〃
スピーカー	8Ω	1	80	80	〃
電解コンデンサ	47μF 16V以上	1	10	10	〃
積層セラミックコンデンサ	0.1μF 50V	2	10	20	〃
330Ω抵抗		1	1	1	〃
LED	赤	1	10	10	〃
4.7kΩ抵抗		1	1	1	〃
パワーグリッドユニバーサル基板	両面スルーホール 36mm×47mm	1	75	75	〃
単3電池BOX	4本用	1	80	80	〃
単3電池アルカリ電池		4	25	100	〃
			合計金額	2,017	

プログラム

次にプログラムを示します。
　　　　　　＊
「moji［128］=".....．"」の文字列部分に、喋らせたい文字列をローマ字で入力します。

この入力の方法については、**第3章**で説明しているので、そちらを参照してください。

侵入者に大きなプレッシャーを与えるには、このメッセージで何を喋らせるかはとても重要です。

効果的なメッセージを考えて入力してみてください。

第8章　侵入者探知機

【リスト10】侵入者探知機（警告メッセージ発声システム）のプログラム

```c
//--------------------------------------------------
// PIC16F819による ATP3011 SPI制御プログラム
// 侵入者探知機（警告メッセージ発声システム）
// Programmed by Mintaro Kanda
//  2015-9-27(Sun)
//--------------------------------------------------
#include <16F819.h>
#fuses INTRC_IO,NOWDT,NOPROTECT,NOMCLR,NOLVP,NOCPD,PUT,BROWNOUT
#use delay (clock=8000000)
#use fast_io(A)
#use fast_io(B)
const char moji[128]="sinnyu-shao kenchisimasita. keibigaishani tu-ho-simasu";
//                    ↑ここに、喋らせたい文字列を入れる
void main()
{
  int i;
  setup_oscillator(OSC_8MHZ);
  set_tris_a(0x02);//a1は、人感センサーからの入力
  set_tris_b(0x0a);//b1,b3入力ポート設定 b3はPLAY(発音中)をモニターする端子
  setup_adc(ADC_CLOCK_INTERNAL);//ADCのクロックを内部クロックに設定
  setup_adc(ADC_CLOCK_DIV_16);
  setup_adc_ports(NO_ANALOGS);//全ポートデジタル設定

  //MSSP初期設定　SPIモード 初期化
  setup_spi(SPI_MASTER | SPI_SCK_IDLE_HIGH | SPI_CLK_DIV_16 | SPI_SS_DISABLED);
  for(;;){
   while(!input(pin_a1)){
    output_low(pin_a0);//LEDを消灯
   }
   output_high(pin_a0);//LEDを点灯
   while(input(pin_b3));
   //発音中(PLAY中)は待つ

   output_high(pin_b0);//SS端子をdisableにする
   delay_ms(500);

   output_low(pin_b0);//SS端子をアクティブにする
   delay_us(20);
   i=0;
   while(moji[i]!='\0'){
    spi_write(moji[i++]);
    delay_us(20);
   }
   spi_write('\r');

   while(input(pin_b3));
   //発音中(PLAY中)は待つ

   output_high(pin_b0);//SS端子をdisableにする
   delay_ms(500);
 }
}
```

第9章 RGB反射神経ゲーム

プログラム　製作費　約2,500円

> 昔のゲームセンターでは、「モグラたたき」というゲームをよく見かけました。ランダムに首を出す「モグラ」をハンマーで叩くという、なんとも単純なゲームです。
> 本章では、「モグラ」ではなく、「7色に光るボタン」を叩いて、反射神経の鋭さを競うゲームを作ってみます。

「RGB反射神経ゲーム」のルールはいたって簡単で、点灯したLEDと同じ色のボタンを叩くというものです。

ボタンは3つしかありませんが、囮（おとり）の色が点灯したりするので、なかなか難しいゲームに仕上がっています。

年齢に関係なくだれでも遊べるので、学校祭などの集客イベントにもってこいの、単純なゲームです。

★学習する知識
光の3原色、マイコンのプログラミング

押しボタンスイッチ

秋月電子で、1個150円（執筆時点）で販売しているものを使います。

このスイッチの特徴は、「R、G、B」のそれぞれの端子を「Grand」（－）につなぐだけで、それぞれの色に点灯できる点です。

また、無接点式なので耐久性があるため、今回の「反射神経ゲーム」のような、ボタンを叩きまくる部品としては最適です。

ボタンが押されると、出力端子に「3.5V」程度の電圧が出てくるので、これをマイコンで処理します。

無接点の「PUSHスイッチ」（秋月電子）

第9章　RGB反射神経ゲーム

ゲームの仕様

　150円と安価ながら、充実した色が出せるので、これを単色で使うのはもったいないです。
　そこで、さまざまな色を使うゲーム仕様にしてみたいと思います。

　この「PUSHスイッチ」を3個配置し、「ゲームレベル1」では、3つのうちのどれか1つのボタンだけを点灯させます。
　光ったボタンを押すと点数が1点上がり、間違えると1点減り、次のボタンが点灯します。

　これを16回繰り返して、次のレベルに上がり、また16回繰り返します。

　「ゲームレベル3」では、2個のボタンが点灯しますが、押す色は、「参照LED」に表示される色と同じものを押さなければ点数になりません。
　これを16回繰り返し、「レベル4」に進んでいきます。

　全体の制限時間は30秒で、時間が経過した時点でゲームは終了します。
　30秒の間に、いかに多くのボタンを叩けるかで、反射神経の鋭さを競います。

回路図

全体の回路図と部品表を示します。

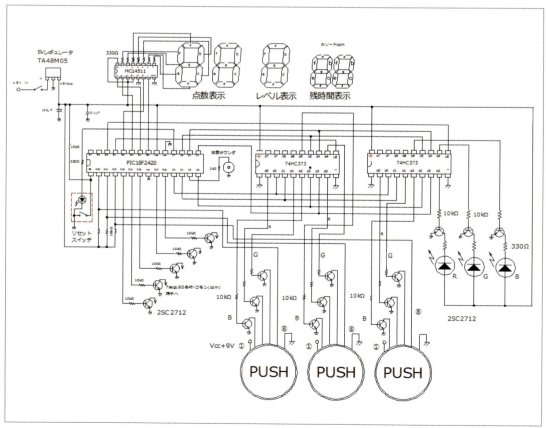

「RGB反射神経ゲーム」の回路図

回路図

「RGB反射神経ゲーム」の主な部品表

部品名	型番等	必要数	単価(円)	金額(円)	購入店(備考)
TTL ラッチ	74HC373	2	87	174	樫木総業
CMOS 7セグメントドライバー	MC14511	1	85	85	〃
PIC マイコン	PIC18F2420	1	340	340	秋月電子
28PIN ICソケット	丸ピン	1	70	70	〃
NPN チップトランジスタ	2SC2712	17	5	85	〃
5Vレギュレータ	TA48M05	1	60	60	〃
積層セラミックコンデンサ	0.1μF	1	4	4	〃
電解コンデンサ	100μF 25V	1	10	10	〃
圧電サウンダ	PKM13EPYH4000	1	30	30	〃
大型RGB LEDアノードコモン	EP204K-35G1R1B1	1	100	100	〃
7セグメントLED 2桁 赤	C-552SR	1	90	90	〃
7セグメントLED 1桁 青	OSL10561-LB	1	100	100	〃
7セグメントLED 1桁 緑	NKG141SP-B	2	100	200	〃
1/6W抵抗(チップ)	330Ω	11	1	11	〃
1/6W抵抗(チップ)	10kΩ	18	1	18	〃
1/6W抵抗(チップ)	1kΩ	1	1	1	〃
PUSH スイッチ	RGB LED付	3	150	450	〃
PUSH スイッチ (リセット用)	MP86A1W1H	1	100	100	〃
2mmピッチピンソケット	1×20	1	50	50	〃
分割ロングピンソケット	2×42	1	100	100	(切断して使う)
2.54mmピッチピンヘッダ(26P)	2×13	1	50	50	(切断して使う)
電源スイッチ		1	80	80	〃
ユニバーサル両面スルーホール基板	95×72	1	200	200	〃
9V 角電池(アルカリ)	006P	1	100	100	〃
9V バッテリスナップ	ソフトタイプ	1	20	20	〃
			合計金額	2,354	

　回路の特徴としては、RGBで7色の色を出すために、**74HC373**という「TTL」を使っています。

　この「TTL」は、「8bitラッチ」と呼ばれるもので、「d0～d7」に入ってきた8bitのデータをラッチ(保持)する機能をもっています。

*

　この回路では、ゲーム中に押す3つの「PUSHスイッチ」と、押す色を示す「RGB－LED」のそれぞれで独自の色を設定する必要があります。

　このRGB端子に、すべてマイコンの

第9章 RGB反射神経ゲーム

I/Oを割り振ってしまうと、33ポートが必要になります。

PIC18F4520を使えばなんとか足りる数ではありますが、もっと多くの「PUSHスイッチ」を使おうとすると厳しくなります。

そこで、そのような場合でも対応できるように、2つの「PUSHスイッチ」に、1つの**74HC373**を追加する回路にしました。

なお、「PUSHスイッチ」の「RGB-LED」は、各色の端子を「グランド」に落とすと点灯しますが、電源電圧が異なるため、「ドライバ用のトランジスタ」が必要になります。

*

「7セグメントLED」には、「赤」(スコアー2桁)、「青」(レベル表示-1桁)、「緑」(タイム表示-2桁)を付けました。

特に色を変える必要はないので、すべて同じ色でもかまいません。

なお、**PIC18F2420**については、「E3」ポートを、空いている「C7」(この場合、スタート用の「PUSHスイッチLED」は省略する)に、そして「レゾネータ」を付ける「A6、A7」を「B6、B7」に割り当てれば、**PIC16F873A**などでも対応できます(その場合は、プログラムの変更も必要になります)。

最初に基板のサイズを決めたときには、充分なスペースがあると思いましたが、最後のほうは、「チップ・トランジスタ」を付けるのも大変になるほどスペースがなくなってしまいました。

今回は、ここまで基板のサイズを小さくする必要もないので、もっと余裕をもたせたほうがいいでしょう。

*

メインの「PUSHスイッチ」の背面には、「6ピンのコネクタ」が付いています。

これは、2mmピッチなので、秋月電子で扱っている「2mmピッチ・ピンソケット」を使います。

20ピンのものを購入すれば、2箇所は切断して使えなくなるものの、6ピンを3つ作れます。

20ピンのソケットを3つに分ける

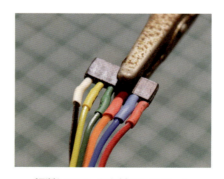

切断してコードを付けたソケット

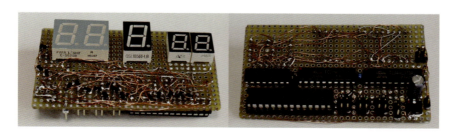

制御基板(表・裏)

ソケットを取り付けた状態

回路の完成

「＋」と「－」を間違えないようにしてください。

写真の赤いシール部分が「＋」になります。

プログラム

「PICマイコン」のプログラムの作成には、「CCS-Cコンパイラ」を使いましたが、特別な記述はないので、他のコンパイラでも対応は可能です。

回路が完成したら、まず**リスト11**のテストプログラムで、「各ボタンのLED」と「モニタ用のLED」が、正常に点灯することを確認してください。

その次の**リスト12**は、「RGB反射神経ゲーム」のプログラム本体になります。

【リスト11】テストプログラム

```
//------------------------------------------
// PIC18F2420 反射神経ゲーム テストプログラム
//  Programed by Mintaro Kanda
//  2015-5-17(Sun)
//------------------------------------------
#include <18F2420.h>

#fuses INTRC_IO,NOWDT,NOPROTECT,NOBROWNOUT,PUT,NOMCLR,NOCPD,NOLVP
#fuses IESO,NOFCMEN,BORV45,NOBROWNOUT,PUT
#fuses NOWDT,WDT32768
#fuses NODEBUG,NOLVP,NOSTVREN
#fuses NOPROTECT,NOCPD,NOCPB
#fuses NOWRT,NOWRTD,NOWRTB,NOWRTC,NOEBTR,NOEBTRB
#use delay (clock=8000000)
#use fast_io(A)
#use fast_io(B)
#use fast_io(C)
#use fast_io(E)
int keta[5]={0},count=0;
#int_timer1 //タイマ1割込み処理
void timer_start(){
  count++;
}
void data_in(int tm,int level,int score)
```

```c
{
 //各桁の数字をketa[]に入れる
 keta[0]=tm%10;
 keta[1]=tm/10;
 if(keta[1]==0) keta[1]=10;

 keta[2]=level;
 keta[3]=score%10;
 keta[4]=score/10;
 if(keta[4]==0) keta[4]=10;
}
void disp()
{
 int i,tr_drv;
 //7seg表示
 tr_drv=8;
 for(i=0;i<5;i++){
  if(keta[i]<10) output_a(tr_drv);
  output_b(keta[i]);
  delay_ms(2);
  tr_drv<<=1;
 }
 delay_us(500);
}
void rgbdisp(int* color)
{
 int i,n,data_low,data_high,data;
 for(i=0;i<2;i++){
  n=i*2;
  data=color[n+1]<<3 | color[n];
  data_low=data & 0x03;
  data_high=data<<1 & 0x78;
  data=data_high | data_low;
  if(i==0){
   output_high(PIN_B4);output_low(PIN_B5);
  }
  else{
   output_high(PIN_B5);output_low(PIN_B4);
  }
  output_c(data);
  output_low(PIN_B4);output_low(PIN_B5);
 }
}
void main()
{
 int tm,level=0,score=0;
 int i,col[4]={0};
 setup_oscillator(OSC_8MHZ);
 set_tris_a(0x07);
 set_tris_b(0x00);
 set_tris_c(0x00);
 set_tris_e(0xff);
 output_a(0);  output_b(0);  output_c(0);
```

```c
    setup_adc_ports(NO_ANALOGS);
    setup_adc(ADC_CLOCK_INTERNAL);
    setup_ccp1(CCP_PWM);
    setup_timer_2(T2_DIV_BY_4,255,1);//PWM周期T=1/8MHz×4×4×(255+1)
                       //      =0.512ms(1953Hz)
                     //デューティーサイクル分解能
                              //t=1/8MHz×duty×4(duty=0〜1023)
    setup_adc(ADC_CLOCK_DIV_32);//ADCのクロックを1/32分周に設定

    //割り込み設定
    SETUP_TIMER_1(T1_INTERNAL | T1_DIV_BY_1);
    set_timer1(0); //initial set
    enable_interrupts(INT_TIMER1);
    enable_interrupts(GLOBAL);

    set_pwm1_duty(500);//PWMデューティ値設定

    //HC373に初期データ(all 0)書き込み
    output_low(PIN_B4);//HC373-1 disable
    output_low(PIN_B5);//HC373-1 disable

    rgbdisp(col);

    tm=32;
    while(1){
     enable_interrupts(INT_TIMER1);
     enable_interrupts(GLOBAL);
     while(input(PIN_E3)){
      if(count>0 && count<16) output_high(PIN_C7);
      else            output_low(PIN_C7);
      if(count>32) count=0;
      data_in(tm,level,score);
      disp();
     }
     //disable_interrupts(INT_TIMER1);
     //disable_interrupts(GLOBAL);

     while(tm>0){
      //set_pwm1_duty(800);//PWMデューティ値設定

      if(count>32){
       count=0;
       if(tm>0){
        tm-=1;
        for(i=0;i<4;i++){
         col[i]=0;
        }
        //以下のプログラムで各ボタンとLEDの各色が順次点灯すればOK
        switch(tm/8){
         case 0:col[0]=tm%8;break;
         case 1:col[1]=tm%8;break;
         case 2:col[2]=tm%8;break;
         case 3:col[3]=tm%8;
        }
```

```
      rgbdisp(col);
    }
  }
  data_in(tm,level,score);
  disp();
 }
 }
}
```

[リスト12]「RGB反射神経ゲーム」のプログラム

```c
//-------------------------------------
// PIC18F2420 反射神経ゲーム Program
//  Programmed by Mintaro Kanda
// 2015-8-5(Wed)
//-------------------------------------
#include <18F2420.h>
#include <stdlib.h>
#fuses INTRC_IO,NOWDT,NOPROTECT,NOBROWNOUT,PUT,NOMCLR,NOCPD,NOLVP
#fuses IESO,NOFCMEN,BORV45,NOBROWNOUT,PUT
#fuses NOWDT,WDT32768
#fuses NODEBUG,NOLVP,NOSTVREN
#fuses NOPROTECT,NOCPD,NOCPB
#fuses NOWRT,NOWRTD,NOWRTB,NOWRTC,NOEBTR,NOEBTRB
#use delay (clock=8000000)
#use fast_io(A)
#use fast_io(B)
#use fast_io(C)
#use fast_io(E)
int keta[5]={0},count=0,level=0,score=0,tm;
int int color[4]={0};
#int_timer1 //タイマ1割込み処理
void timer_start(){
 count++;
}
void data_in()
{
 //各桁の数字をketa[]に入れる
 keta[0]=tm%10;
 keta[1]=tm/10;
 if(keta[1]==0) keta[1]=10;

 keta[2]=level;
 keta[3]=score%10;
 keta[4]=score/10;
 if(keta[4]==0) keta[4]=10;
}
void disp()
{
  int i,tr_drv;
    //7seg表示
    tr_drv=8;
    for(i=0;i<5;i++){
      if(keta[i]<10) output_a(tr_drv);
```

```c
      output_b(keta[i]);
      delay_ms(2);
      tr_drv<<=1;
    }
    delay_us(500);
}
void rgbdisp()
 {
  int i,n,data_low,data_high,data;
  for(i=0;i<2;i++){
   n=i*2;
   data=color[n+1]<<3 | color[n];
   data_low=data & 0x03;
   data_high=data<<1 & 0x78;
   data=data_high | data_low;
   if(i==0){
    output_high(PIN_B4);output_low(PIN_B5);
   }
   else{
    output_high(PIN_B5);output_low(PIN_B4);
   }
   output_c(data);
   output_low(PIN_B4);output_low(PIN_B5);
  }
}
void clearcolor()
{
   int i;
   for(i=0;i<4;i++){
    color[i]=0;
   }
}
int game1(int col)
 {
 int n,r,rb,ok,button;
 rb=3;//rb=3はあり得ないので、初期値とする
 n=16;
 while(n>0){
    clearcolor();
    while(r=rand()%3,r==rb);//乱数の発生
                //同じ数字はNGとする
    rb=r;
    color[r]=col;
    ok=0;
    while(!ok){
     while(input(PIN_A0)==0 && input(PIN_A1)==0 && input(PIN_A2)==0){
      if(count>32){
        count=0;
        if(tm>0) tm--;
        else return 1;
       }
       rgbdisp();
       data_in();
       disp();
```

```c
        }
        button=input_a() & 0x7;
        while(input(PIN_A0) || input(PIN_A1) || input(PIN_A2));
        switch(button){
          case 1:if(r==0){
              ok=1;
              score++;
              }
              else{
               if(score>0) score--;
              }
              break;
          case 2:if(r==1){
              ok=1;
              score++;
              }else{
               if(score>0) score--;
              }
              break;
          case 4:if(r==2){
              ok=1;
              score++;
              }else{
               if(score>0) score--;
              }
              break;
          default:if(score>0) score--;
              ok=0;
        }
        rgbdisp();
        data_in();
        disp();
      }//while(!ok)
      n--;
    }//while(n>0)
  return 0;
}
int game2(int col)
{
 int n,r,rb,rc,rcb,ok,button;
 rb=3;//rb=3はあり得ないので、初期値とする
 n=16;
  while(n>0){
     clearcolor();
     //かく乱用の色を発生
     while(rc=rand()%7,rc==col);

     while(r=rand()%3,r==rb);//乱数の発生
                 //同じ数字はNGとする
     while(rcb=rand()%3,r==rcb);
     rb=r;
     color[r]=col;
     color[rcb]=rc;color[3]=col;
     ok=0;
```

```c
    while(!ok){
      while(input(PIN_A0)==0 && input(PIN_A1)==0 && input(PIN_A2)==0){
        if(count>32){
          count=0;
          if(tm>0) tm--;
          else return 1;
        }
        rgbdisp();
        data_in();
        disp();
      }
      button=input_a() & 0x7;
      while(input(PIN_A0) || input(PIN_A1) || input(PIN_A2)){
        rgbdisp();
        data_in();
        disp();
      }
      switch(button){
        case 1:if(r==0){
            ok=1;
            score++;
            }
            else{
             if(score>0) score--;
            }
            break;
        case 2:if(r==1){
            ok=1;
            score++;
           }else{
            if(score>0) score--;
            }
            break;
        case 4:if(r==2){
            ok=1;
            score++;
           }else{
            if(score>0) score--;
            }
            break;
        default:if(score>0) score--;
            ok=0;
      }
      rgbdisp();
      data_in();
      disp();
    }//while(!ok)
    n--;
   }//while(n>0)
 return 0;
}
void main()
{
  int col=1;
```

第9章 RGB反射神経ゲーム

```c
  setup_oscillator(OSC_8MHZ);
  set_tris_a(0x07);
  set_tris_b(0x00);
  set_tris_c(0x00);
  set_tris_e(0xff);
  output_a(0);  output_b(0);  output_c(0);

  setup_adc_ports(NO_ANALOGS);
  setup_adc(ADC_CLOCK_INTERNAL);
  setup_ccp1(CCP_PWM);
  setup_timer_2(T2_DIV_BY_4,255,1); //PWM周期T=1/8MHz×4×4×(255+1)
                                    //    =0.512ms(1953Hz)
                                    //デューティーサイクル分解能
                                    //t=1/8MHz×duty×4(duty=0～1023)
  setup_adc(ADC_CLOCK_DIV_32);      //ADCのクロックを1/32分周に設定

  //割り込み設定
  SETUP_TIMER_1(T1_INTERNAL | T1_DIV_BY_1);
  set_timer1(0); //initial set
  enable_interrupts(INT_TIMER1);
  enable_interrupts(GLOBAL);

  set_pwm1_duty(500);//PWMデューティ値設定

  //HC373に初期データ(all 0)書き込み
  output_low(PIN_B4);//HC373-1 disable
  output_low(PIN_B5);//HC373-1 disable

  rgbdisp();
  while(1){
    clearcolor();rgbdisp();//ボタンの色を消灯
    enable_interrupts(INT_TIMER1);
    enable_interrupts(GLOBAL);
    while(input(PIN_E3)){
      if(count>0 && count<16) output_high(PIN_C7);
      else                    output_low(PIN_C7);
      if(count>32) count=0;
      data_in();
      disp();
    }
    //disable_interrupts(INT_TIMER1);
    //disable_interrupts(GLOBAL);
  score=0;//スコアーを0に初期化
  level=col=1;//レベル・色の値を初期化
  tm=30;//制限タイムを30秒に設定
  while(tm>0){
  //ゲーム開始
    //if(game1(col)) goto EX;

    col=rand()%7+1;
    if(game2(col)) goto EX;

    //if(col>7) col=1;
    level++;
```

```
    }//while(tm>0)
EX:;
  }//while(1)
}
```

「ケース」の作成

　「ケース」は市販のものを使ってもかまいませんが、全体のコストを下げたい場合は、4mmの「シナベニア板」を使うのがいいでしょう。

　以下に、おおよその図面を示します。

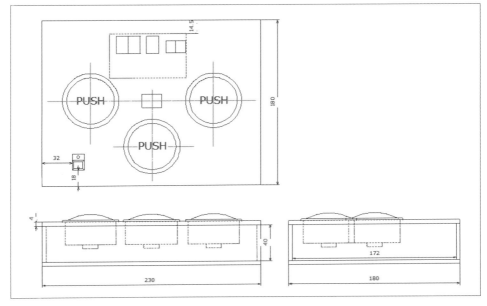

「ケース」の図面

　板だけで「ケース」を作るのは難しいと思う方もいますが、意外と簡単ですし、何といっても好きな寸法で作れることが利点です。

　私の場合、この「ケース」を作るのに要した時間は、3時間程度です。

＊

　まず、必要な6枚の板を切り出します。

各部材の切り出し

　必要な板6枚を切り出したら、まず次の写真のように、「底板」に「前側板」と「後側板」の2枚を、エポキシ接着剤で接着します。

「前側板」と「後側板」を、「底板」に接着

　エポキシ接着剤を使うのは、短時間で硬化し、作業性がいいためです。

このとき直角スコヤを当てて、接着剤が固まるまで、直角がズレないように10分ほど監視します。

「前側板」と「後側板」の接着が充分に固まったら、左右の「側板」も同様に接着します。

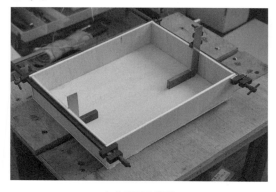

左右側板を接着

＊

次に「天板」の加工を行ないます。
図面の型紙を必要な個所に貼って（セロハンテープで、数箇所か留める）、板をくり抜く部分に墨線を入れます。

プリンタ出力した図面型紙を板に貼る

そして、3つの「円」部分には、円切カッターで直径55mm（半径27.5mm）の切り込みを、表と裏から入れます。
裏からも入れるため、中心にφ1mmの穴を開けておきます。
「円」以外のくり抜き部分は、線に沿ってカッターで切り込みを入れます。

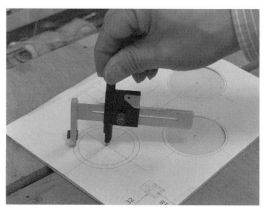

円切りカッターで切り込みを入れる

切り込み線を入れたら型紙を外し、カッターの線に沿って、赤のボールペンで線をなぞります。
こうすることで、線が見やすくなります。

カッターの線に沿って、赤のボールペンで線をなぞる

次に、赤の線の内側にφ2mmのドリルで穴を開けていきます。
線の外にハミ出さなければ、それほど正確に線に沿っていなくてもかまいません。

φ2mmドリルで穴あけ

「ケース」の作成

その後、φ2.5mmのドリルで穴を拡張してから、先の細いニッパーで穴と穴の間を切って、くり抜きます。

くり抜いた状態

そして、「のみ」や「やすり」で、バリを削って、整えます。

バリを取って整える

また、丸い「PUSHボタン」には、写真のように2箇所出っ張りがありますので、この部分が入るように板に切り欠きを入れます。

これは、「やすり」などで行なうと、すぐにできます。

板に切り欠きを入れる

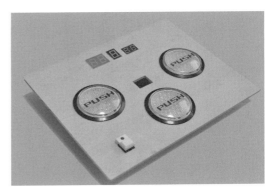

完成したパネル

第10章 電子金庫

製作費 約1,500円

誰しも、家族にも見られたくない「秘密の宝物」があるのではないでしょうか。
そこで、そのような宝物を保管して自分だけが開けられる、「電子金庫」を作ってみましょう。

★学習する知識
「デジタル」と「アナログ」、「2進数」と「10進数」

　小学生のころ、アナログの「ロータリースイッチ」を使って、「数字が合うとランプが光る」という、単純な電子工作をしたことを覚えています。
　このとき使った「ロータリースイッチ」は、次の写真のような12接点のものでした。

アナログ1回路12接点の「ロータリースイッチ」(秋月電子)

　このスイッチの特徴は、回路図で示すと一目瞭然で、スイッチを回した位置によってつながる接点が変わるという単純なものです。

　単純な「電子金庫」であれば、複数の「ロータリースイッチ」で、自分が決めた数字の接点同士をつなげば、それが一致したときだけ電気が流れるようにして、「電磁石」や「リレー」などを動作させることができます。

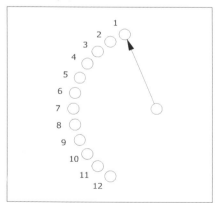

「ロータリースイッチ」の内部回路

　次ページの図のように3個の「ロータリースイッチ」を使って配線した場合は、「2-9-4」でA点とB点が導通することになります(それ以外では、つながりません)。
　つまり、「電子金庫」に応用すれば、「294」が暗証番号ということになります。

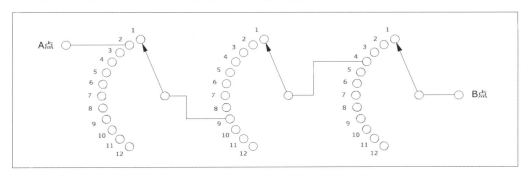

「ロータリースイッチ」を3個使って作る回路

＊

　さて、3個の「ロータリースイッチ」を使った場合、数字の組み合わせ方（場合の数）は何通りあるでしょうか。

　中学校の数学で習っているとは思いますが、「12×12×12＝1728通り」ということになります。

　「このぐらいの数では、すぐに金庫破られるよ！」と言われるかもしれませんね。

　では、さらにもう1つ「ロータリースイッチ」を付けたらどうでしょうか。

　この場合は、「12×12×12×12＝20736通り」になります。

　もし、1秒に1つの組み合わせを試したとしても、6時間近く掛かる計算になります。

　このように、「ロータリースイッチ」の数を増やせば増やすほど、「場合の数」は大きくなり、破るのが困難になってきます。

＊

　ただ、この「ロータリースイッチ」を使って「電子金庫」を作ってもいいのですが、もう1歩知識を進める意味を込めて、「アナログのロータリースイッチ」ではなく、デジタルの「DIP（ディップ）ロータリースイッチ」というものを使ってみたいと思います。

　「DIPロータリースイッチ」は、一辺が1cm程度のもので、アナログの「ロータリースイッチ」に比べると、かなり小さなものです。

DIPロータリースイッチ

　また、写真の左側のように、端子が6つしかありません。

　そのうちの真ん中の2端子は共通なので、実質は5端子ということになります。

　しかし、それにも関わらず、選択できるスイッチの位置は、「0～F」の16箇所もあります。これはどういうことなのでしょうか。

＊

　ここで、電子回路におけるデジタル部品についての基礎知識を、少しだけ説明したいと思います。

第10章 電子金庫

「2進数」と「10進数」

私たちは普段、「バナナが3本」とか、「ポテトチップスが98円」「28人の生徒」など、いろいろな場面で数字を使います。

数字自体には実態はなく、実態を修飾する目的で使います。

その数字を数えるときは、「1、2、3、4……9、10、11、12……」と数えていきます。

「1〜9」までは1桁でしたが、その次は「10」と2桁になります。

そして、2桁は「99」まで続き、「99」の次は「100」になって3桁になります。

ここで、1桁の数と2桁の数、3桁の数がいくつあるかを見てみると、

・1桁の数：1〜9（9種類）
・2桁の数：10〜99（90種類）
・3桁の数：100〜999（900種類）

これをすべて足すと、「999種類」ということになります。

「だから、何なの？」と言われてしまいますが、1桁の数は、「9種類」ではなく「10種類」とするのが正しいのです。残りの1つは「0」です。

そうすると、「999」までの数は、「0」から数えて「1000種類」あるということです。

このことは重要なのですが、ここではいったん保留しておきます。

そして、桁上げが行なわれるのは、その桁の最初の数が10倍になったときであることも分かります。

ですから私たちは、たとえば「872円を10倍したら、8720円」のように、10倍を計算するのは、極めて簡単だということを知っています。

これは、10倍になると桁上げが行なわれる「10進数」の特徴を表わしたものです。

＊

さて、数というのは「10進数」だけとは限りません。

> なぜ10倍になったときに桁上げをするのか、別に、5倍になったときに桁上げしてもいいし、8倍になったときに桁上げしてもいいじゃないか。

と思いませんか。

実は数字を扱うときには、そのような考え方をするほうが都合の良いこともあるのです。

そのひとつに、「2進数」というものがあります。

みなさんも、「コンピュータの世界は、2進数だ」などということを、少しは耳にしたことがあるのではないでしょうか。

「10進数」が10倍になったときに桁上げが行なわれるように、「2進数」の場合は2倍になったときに桁上げ行なわれます。

「1」から数えた場合、「1」の2倍は「2」です。つまり、「2」になると桁上げが行なわれるわけです。

ということは、「2」で2桁になるということです。

「10進数」では、10倍、100倍、1000倍…が切りのいい数でしたが、「2進数」の世界では、2倍、4倍、8倍、16倍が切りのいい数になります。

ですから、長くコンピュータのプログラミングや、マイコンを使った開発などに従事していると、「2、4、8、16、32、64、128、256」など、一般の人には馴染みの薄い数でも、切りのいい数として捉えるようになります。

「DIPロータリースイッチ」と「2進数」

＊

さて、「2」が2桁になると言いましたが、具体的には、

・「10進数」のときの「1」は、「2進数」でも「1」。
・「10進数」のときの「2」は、「2進数」では「10」(イチ・ゼロと読む)。

となります。

同じような考え方で、

・「10進数」のときの「3」は、「2進数」では「11」(イチ・イチ)
・「10進数」のときの「4」は、「2進数」では「100」(イチ・ゼロ・ゼロ)

と、「2」の2倍になった「4」では、また桁が1つ上がって3桁になるわけです。

このような特徴をもっている「2進数」を見てみると、もっと大きな特徴として、私たちが日常使っている「10進数」の、「0」と「1」しか使っていないことが分かります。

なぜ、コンピュータ内部では、この「2進数」の考え方が便利かと言うと、電子的な回路で計算をするときには、電気のあるなしを、単純に「1」(ある)、「0」(なし)と解釈することができるからです。

＊

では、「0〜20」までの数を、「10進数」と「2進数」の対応表で表わしてみましょう。

「10進数」と「2進数」の対応表

10進数	2進数	10進数	2進数
0	0	10	1010
1	1	11	1011
2	10	12	1100
3	11	13	1101
4	100	14	1110
5	101	15	1111
6	110	16	10000
7	111	17	10001
8	1000	18	10010
9	1001	19	10011
		20	10100

これを見ると、「2進数」はパッと見て、非常に分かりづらいですね。

たとえば、「私は、18歳です。」と言うときに、「2進数」の表現を使うとすれば、「私は、10010歳です。」ということになります。

ですから、デジタルの世界で仕事をしない人にとっては、ほとんど意味をもたない表現方法なのかもしれません。

「2進数」については、まだまだいろいろな性質があるのですが、本書はこれぐらいにしておきます。

「DIPロータリースイッチ」と「2進数」

さて、前置きが長くなってしまいましたが、「DIPロータリースイッチ」を使う上で、「2進数」の概念は必須項目です。

「2進数」の意味が分からないと、なぜ「DIPロータリースイッチ」の表示が「0〜F」まであるかや、実際の端子が事実上5端子しかないことについて、理解ができないからです。

「DIPロータリースイッチの端子の状態」と「スイッチの表示」は、具体的に下の表のようになっています(正論理のDIPロータリースイッチの場合)。

「DIPロータリースイッチ」の内部には、事実上4つのスイッチがあり、それらのスイッチのオンオフ状態の組み合わせが、ツマミの位置によって図のよう変わります。

この様子は、「2進数」そのものであることが分かります。

たとえば、ツマミ位置が「9」のときは、「端子8」と「端子1」がオンになります。

これは「2進数」の「1001」に対応した状態であることが分かります（オンになっているスイッチの番号をすべて足すと、その数値になる）。

　　　　　　　＊

また、「10進数」で言う「10」以上の数は、1桁の「A（10）〜F（15）」で表わされています。

これは、「16進数」と呼ばれる表記で、16倍になると桁が1つ上がるというものです。

この「16進数」は、「2進数」と深いつながりがあります。

というのも、「2進数の4桁」は、「16進数の1桁」に相当するからです。

つまり、「2進数4桁」におけるの最大値は「15」なので、この数までは「16進数1桁」で表わすことができます。

便宜上、「2進数」を「16進数」で表記するのです。このことによって、「2進数8桁」を「16進数2桁」で表現できます。

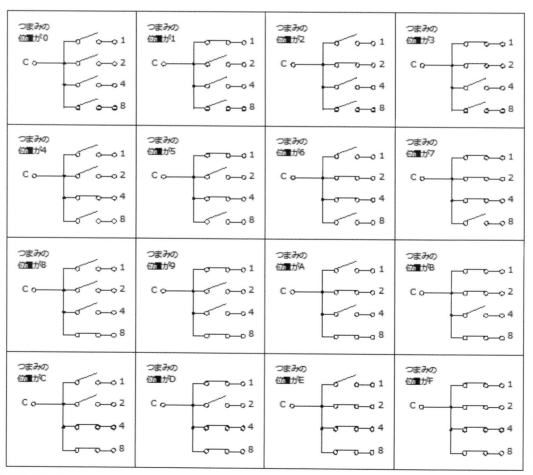

「DIPロータリースイッチの端子の状態」と「スイッチの表示」の対応

＊

「DIPロータリースイッチ」を使った回路

「DIPロータリースイッチ」を使えば、1個で16通りの表現ができます。

ということは、2つ使えばその組み合わせの場合の数は、「16×16＝256通り」、3つ使えば「16×16×16＝4096通り」になります。

「電子金庫」を作るにはもってこいの数字です。

「いやー、これでは、すぐに破られるよ」と思ったならば、4つにして「65536通り」にすることもできます。

＊

今回は、3つ使う例を示したいと思います。

「DIPロータリースイッチ」を使った回路

「DIPロータリースイッチ」の機能と意味は、理解してもらえたと思います。

では、4つのスイッチの組み合わせで決まる「0～F」までの値を、アナログの「ロータリースイッチ」のときのようにそのまま回路にして、一致したときに導通するようにするにはどうしたらいいでしょうか。

たとえば、「DIPロータリースイッチ」を3つ使うことにし、暗証番号を「7C5」とすると、「DIPロータリースイッチ」の状態は下図のようになります。

ちょっと簡単にはいきそうもありません。

結論を言えば、この3スイッチの端子だけを配線して、アナログの「ロータリースイッチ」のような導通回路を作ることはできません。

「デジタルは、それだから好きになれない！」という人が多いのもうなずけます。

確かに、ちょっと分かりづらい部分があり、それを解決しないとデジタル回路やコンピュータのプログラミングを使いこなすことはできません。

でも、ちょっとした努力でそれが解決でき、その先に広がる無限の世界（大げさですが）を享受できるのです。

＊

結局どうすればいいのかですが、「この例なら、必ずこうする」というものがあるわけではないのです。

その都度、何かこの状況を打開できる方策はないかと、考えることになります。

もし、読者の方が考えるとしたら、どんな方法を思いつくでしょうか。

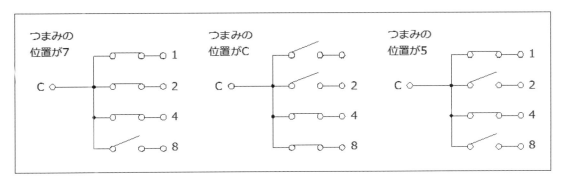

「DIPロータリースイッチ」の状態（暗証番号が「7C5」の場合）

第10章 電子金庫

そもそも、この「DIPロータリースイッチ」は、デジタル信号を扱うときに必要だから作られたと言ってもいいものなので、基本ロジック用のICである「TTL」を使ったり、「マイコン」などを使っていくことになります。

今回は、「マイコン」を使わずに、「TTL」のみを使うことにします。

*

「TTL」は、「トランジスタ・トランジスタ・ロジック」の略で、トランジスタ回路を使って、論理回路(ロジック回路)を構成するための、種々の機能を有するIC(集積回路)のことです。

これを使うと、コンピュータの基本にもなっている、さまざまな「論理回路」を簡単に作ることができます。

そもそも、「論理」とは何か、という素朴な疑問を持つ方も多いと思います。

この「論理」とは、「論理学」という学問の中で詳しく述べられているので、興味のある方はそちらを参照してみてください。

ここでは詳しい説明は省略しますが、電子工作においても、便利に利用することができます。

*

ここで使うのは、その中の**74HC154**(デマルチプレクサ)と**74HC32**(論理和＝OR)です。

回路図は下図のとおりです。

なお、**74HC32**は1つのパッケージに4つの「2入力OR」が入っていますが、そのうちの2つを使います(どの2つを使っても同じです)。

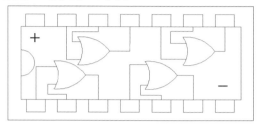

74HC32の中身

本章で作る「電子金庫」には、次の写真のような、いわゆる「キーロック・スイッチ」も付けました。

「キースイッチ」と「DIPロータリースイッチ」の2つによる、ダブルロック方式です。

この「キーロック・スイッチ」は、秋月電子で、1個100円で売られています。

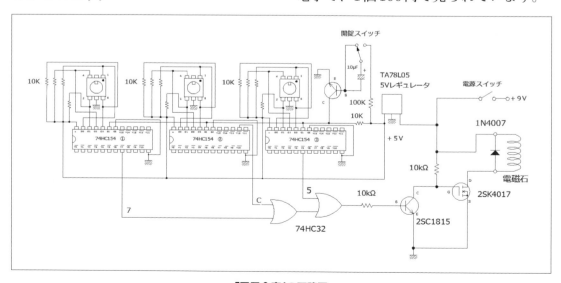

「電子金庫」の回路図

「DIPロータリースイッチ」を使った回路

100円の「キーロック・スイッチ」(秋月電子)

また、この回路の中には、「電源スイッチ」(キーロック・スイッチ)とは別に「開錠スイッチ」を設けてあります。

このスイッチには、「2接点」(1回路または2回路、プッシュ・オルタネートタイプ)のものを使います。

このスイッチの役目は重要です。

「電源スイッチ」があれば、それで充分のような気もするのですが、このスイッチがあることによって、いわゆる「金庫破り」をしにくくしています。

プッシュ・オルタネートスイッチ

このスイッチは、番号を合わせた後に押す必要があり、押してから3〜4秒程度しか、開錠のための電磁石が動作しないようになっています。

これによって、電源を入れてからダイヤルをしらみつぶしに設定し、短時間で開錠を試みるということを不可能にしています。

つまり、「開錠スイッチ」をオンにしたままで、番号が一致しても開かないようにしているのです。

*

仕組みは簡単で、「トランジスタ」を1個と、「コンデンサ」「抵抗」を使って、簡単な「タイマー機能」を構成しています。

回路図から分かるように、このスイッチには「2接点タイプ」のものを使う必要があります。

「タイマー」のタイムラグは、「抵抗」または「コンデンサ」の値を大きくしていくと、長くなります(どちらか一方を大きくすればよい)。

第10章　電子金庫

「電子金庫」の主な部品表

部品名	型番等	必要数	単価(円)	金額(円)	購入店
4 to 16 デマルチプレクサ	74HC154	3	93	279	樫木総業
OR TTL	74HC32	1	27	27	〃
Nch FET	2SK4017	1	30	30	秋月電子
NPN トランジスタ	2SC1815	2	5	10	〃
5Vレギュレータ	TA78L05	1	20	20	〃
積層セラミックコンデンサ	0.1μF	1	4	4	〃
電解コンデンサ	10μF 16V	1	10	10	〃
DIP ロータリースイッチ	0〜F 負論理	3	150	450	〃
開錠スイッチ(オルタネート)	2接点	1	50	50	〃
キーロックスイッチ		1	100	100	〃
両面スルーホール基板 72mm×47mm	2.54mmピッチ	1	100	100	〃
1/6W抵抗	10kΩ	15	1	15	〃
1/6W抵抗	100kΩ	1	1	1	〃
9V 角電池(アルカリ)	006P	1	100	100	〃
9V バッテリスナップ	ソフトタイプ	1	20	20	〃
			合計金額	1,216	

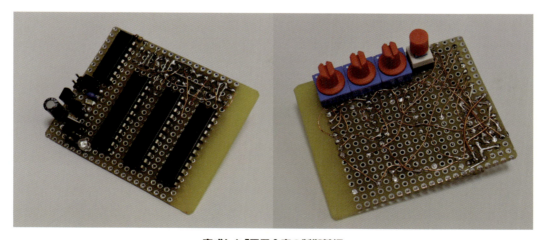

完成した「電子金庫」の制御基板

「金庫」本体

次に、「金庫」本体を作りますが、本体の大きさは、適当に変えてもらってかまいません。

私が試作した図面を、下に示します。

＊

まず、「金庫」本体に必要な部材を切り出します。

私は「2mmと3mm厚のアルミ板」を使うことにしました。

「金庫なのにアルミで作るの？」と言われそうですが、どんなに頑丈な材料で作っても、本体を持ち去られたり、ドリルで穴を開けられたらおしまいですから、本書ではこの程度にしておきます。

アルミ板の切り出し

必要な板を切り出したら、まず「長いほうの側板」に、1辺1cm厚さ2mmの「アルミLアングル」を接着（仮止め）します。

接着剤には、必ず「エポキシ接着材」を使って、部分的に接着剤を塗ってください。

これは、ネジ止めの位置を決定した後で外すためです（後できれいに接着を剥がすことができます）。

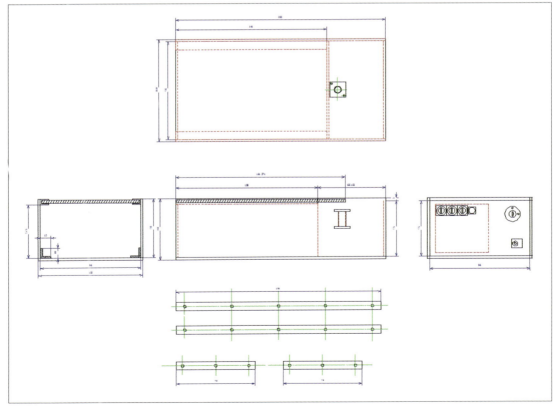

「金庫」本体の図面

第10章　電子金庫

「Lアングル」を接着

そして、側板側にネジを切り、内側のアングル側からネジで止めます。

ネジの径は、2.6mm または、3mm でいいでしょう（私は、2.6mm にしました）。

内側から止めるのは、金庫という性質上、簡単にネジを外して開けられては困るためです。

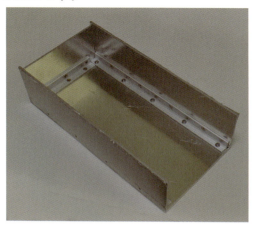

「Lアングル」でネジ固定して本体を構成

＊

次に、「スライド板用のレール」を、「コの字アングル」を使って作ります。

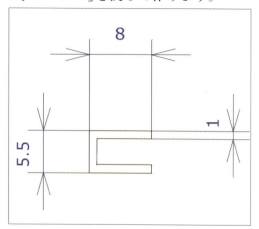

コの字レール図面

そして、接着剤で固定します。

このとき使う接着剤は、「ズーパーX」などがいいでしょう。

「コの字レール」を接着

さらに、「制御基板」「キーロック・スイッチ」「DCジャック」を取り付けます。

取り付け位置は、特にこのようにしなければいけないというものでもないので、使い勝手に合わせて変えてください。

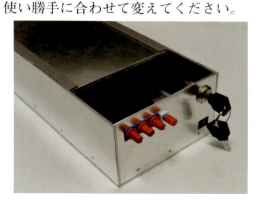

「制御基板」「キーロック・スイッチ」
「DCジャック」の取り付け

「電磁石コイルボビン」の作成

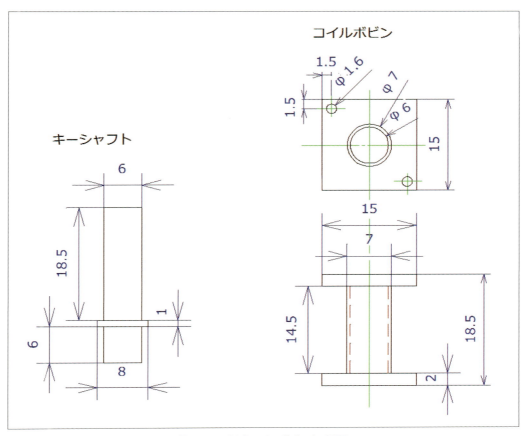

「シャフト」と「コイルボビン」の図面

「キーシャフト」と「キー駆動コイル」

　カギをかけたり、外したりする仕組みは、「電磁石」と、それに引き寄せられる「鉄のシャフト」で構成します。

　仕組みはいたって単純で、「空芯コイル」に電流を流すと、「鉄のシャフト」がコイルに引き寄せられるというものです。
　コイルに電流を流さないときは、「コイルばね」によって、「シャフト」が戻りカギがかかるというものです。

　したがって、カギを開錠するときだけコイルに電流が流れるので、それ以外のときは、電力をまったく消費しません。
　　　　　　　　＊
　製作する「シャフト」と「コイルボビン」の図面は上に示したとおりです。

「電磁石コイルボビン」の作成

　まず、「コイルボビン」を作ります。
　「電磁石」の芯にはφ（直径）7mm（内径φ6mm）の「真鍮のパイプ」を使います。
　これは、「鉄」以外ならOKですが、「アルミ」よりも「真鍮」がいいでしょう。
　　　　　　　　＊

　まず、金のこで、長さ「18.5mm」に切断します。

第10章　電子金庫

「空芯コイルボビン」用の真鍮芯

穴を開けた状態

次に、15mm辺、厚さ2.0mmで、「コイルのボビン鍔」を2つ作ります。

次の写真のように、「アルミ板」に図面をプリンタで印刷した「型紙」を貼り、切断する前に、「真鍮パイプ」を入れるためのφ7mmの穴と、固定用の2つの穴を開けておきます。

穴位置には、必ずポンチを打ってください。

また、φ7mmの穴は、いきなり7mmのドリルで開けるのではなく、最初は4mm程度の穴を開けて、その後に7mmのドリルを使って開けます。

7mmの穴を開ける際にボール盤などを使う場合は、必ず回転数は落として使うようにしてください。回転数を落とさないと、きれいな穴あけができません。

この後、金のこで切断します。

ここで1つアドバイスです。

「金のこの刃」は、ホームセンタでも売っていますが、なかなか切れ味のいいものに巡り会えませんでした。

私がやっとたどり着いたものは、スウェーデン製BAHCO社のSANDFLEXです（MonotaROで購入できます）。

とにかく切れ味が良いことと、保ちが抜群です。価格は1本200円ちょっとなので、ぜひ試してみてください。

BAHCO社のSANDFLEX

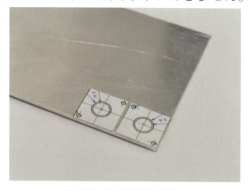

「ボビン鍔の型紙」を貼る

切り出した「アルミ鍔」と「真鍮パイプ」

次に、「アルミ鍔」の2か所の穴（φ1.6mm）に2mmのネジを切ります。

「電磁石コイルボビン」の作成

ネジを切るときは、「ハンドタップ」を使い、直角に注意してゆっくりと行ないます。

「ハンドタップ」でネジきり(φ2mm)

その後、「真鍮パイプ」を「エポキシ接着剤」で接着します。

このとき、「鍔」と「パイプ」の直角度に注意してください。「鍔」は1枚ずつ接着し、その接着が固まってから、もう1枚の接着を行ないます。

＊

ボビンが完成したら、ショート防止のためのアクリル塗料を塗って塗装をします。

塗装後は、充分に乾燥させるために、1日かけたほうがいいでしょう。

完成したボビン(左)と、塗装したボビン(右)

タミヤアクリルカラー

＊

乾燥が終わったら、「ポリウレタン線」を巻きます。

今回は、太さ「0.32mm」の線を、「約580回」巻きますが、その際に必要な長さは「18m」ほどです。

完成したときの直流抵抗値は「約5Ω」で、9Vをかけたときに流れる電流は「約1.8A」です。

巻く方法としては、手で巻いてもかまいませんが、「コイル巻き機」を使うと簡単に巻くことができます。

「コイル巻き機」については、「電磁石のつくり方」(工学社刊)を参考にしてください。

コイルを巻き終わったら、コイル回りに「エポキシ接着剤」を塗って固めます。

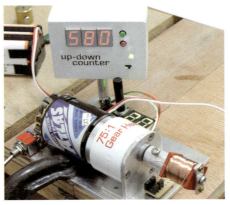

「コイル巻き機」でコイルを巻く

第10章　電子金庫

●「キーシャフト」の作成

次に、図面にしたがって「キーシャフト」を作ります。

材料は、「軟鉄棒」です。バネを通す必要があるので、このような形状になりますが、片方にバネが抜けなければ、このような形でなくてもOKです。

キーシャフト

また、「電磁石の真鍮パイプ」に通して、スムーズに動く必要があるので、スムーズでない場合は、「＃600あたりのサンドペーパー」を巻き、「シャフト」を回して磨いてください。

「サンドペーパー」で磨く

バネには、φ7mm、線径0.35mm、長さ12mmの「圧縮コイルばね」を使います。

これは、次のメーカーから直接購入しました。

＜ソテック(株)＞

http://www11.ocn.ne.jp/~sotec/index.html

1個から購入できますが、1個だけだと、かなり割高です(190円)。

本章で作った「電磁石」では、このバネよりも強いものだと、「電磁石」に引き込むことができません。

私も最初は、100円ショップで購入した押すと点灯するLEDランプに入っていた、φ7mm、線径0.45mm、長さ12mmのものを試しましたが、強すぎました。

「コイルばね」の線形がわずか0.1mm太いだけなのですが、強さは、かなり違ってきます。

完成した「電磁石」と「キーシャフト」

●「電磁石」本体への固定

完成した磁石は、次ページの図面のような「コの字アルミ材」を使って、本体に接着します。

「コの字アルミ材」と「電磁石」も、接着剤で固定します。

図面の寸法の「コの字アルミ材」がないときは、「L字アングル」を2つ使って作るといいでしょう。

本書では、本体底からの高さを「20mm」にしましたが、「27mm」ぐらいにして、なるべく「シャフト」が「電磁石」に入り込んでいる状態にしたほうが、「シャフト」が確実に「電磁石」に引き込まれます。

引き込みが弱いときは、「20mm～27mm」の間で調整してみてください。

「電磁石コイルボビン」の作成

＊
そして、「アングル」と「電磁石」を接着します。

このとき、必ず接着前に「コの字アルミ材」と「電磁石」の中心が交わる部分にφ2mm程度の穴を開けておいてください。

穴を開けないと、「シャフト」が「電磁石」に引き寄せられるときにパイプ内の圧力が上がり、「シャフト」がスムーズに引き込まれなくなります（穴は、接着後でも開けられます）。

「アングル」と「電磁石」を接着

さらに、「電磁石」の中心に「シャフト」を入れて、「電子金庫」本体の底面に、「アングル」部分を固定します。

このときの位置決めは、「現物合わせ※」で行ないます。

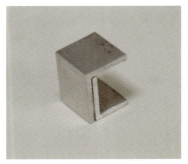

コの字アングル

※あらかじめ入れてある、寸法線などに従って位置決めをするのではなく、現物の状況に応じて、うまく合うように位置を決めること。

この場合は、「シャフト」が「電子金庫の扉の穴」と、ピッタリ合う位置に接着するという意味。

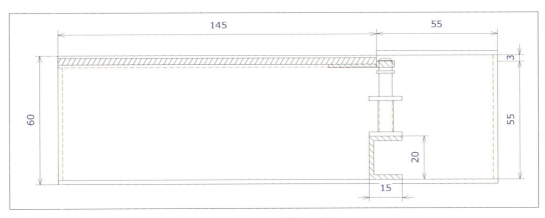

「コの字アルミ材」の図面

第10章 電子金庫

「電磁石」を「コネクタ」に付けておく

現物合わせで「電磁石」を接着

　　　　　　　＊

　最後に「基板」を取り付けて、電源まわりの配線を行なって完成です。

　配線をする際は、「電磁石」に流れる電流が「2A～3A」になることを考慮して、充分に太い線で配線してください。

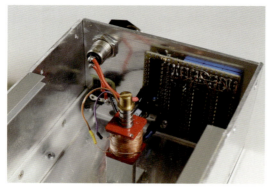

「回路基板」を固定し、最終配線を行なう

　この回路部分の「上蓋」は、メンテナンスの性質上、外からネジ止めします。

　実際には、の「上蓋」が開けられてしまえば、「電子金庫」本体の扉は開けられてしまうのですが、それも嫌だという場合は、ネジ止めではなく、接着材で固定してしまいましょう。

メンテナンス部分の「上蓋」を固定

　　　　　　　＊

　「電子金庫」の使い方は、次のとおりです。

●扉を開けるとき

　まず、3個ある「DIPロータリースイッチ」の番号を合わせます。

　このとき右側にある「PUSHスイッチ」は切っておきましょう。

　そして、「DCジャック」に電源となるバッテリー（10V～12V）をつなぎ、「キースイッチ」をオンにし、右側の「PUSHスイッチ」を押します。

　すると、「電磁石」が作動し、扉を開けることができます。

　「電磁石」は、約3秒程度で元に戻るようになっているので、「電磁石」に連続的に電流が流れることはありません。

　また、3秒程度で、当たり番号を合わせることはできないので、「PUSHスイッチ」をオンにしたままで、3つの「ロータリースイッチ」をしらみつぶしに番号合わせしても、開けることは不可能でしょう。

「電磁石コイルボビン」の作成

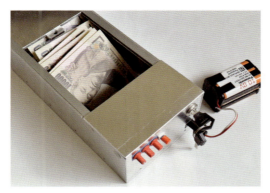

番号を合わせて開けた状態

の番号をランダムに設定して、終了です。

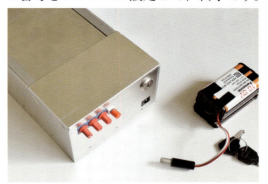

「キー」と「バッテリー」抜いて施錠完了

●扉を閉めるとき

　扉を閉めるときは、「PUSHスイッチ」をいったんオフにして、再びオンにします。

　「DIPロータリースイッチ」の番号は、この時点で合っている状態なので、「電磁石」はオンになり「シャフト」が引っ込むので、そのときに扉を閉めます。

　「シャフト」は、3秒程度でまた復帰します。

　復帰したら、キーをオフにして、バッテリーの「DCジャック」からプラグを抜きます。

　このあと、「DIPロータリースイッチ」

【注意点】

　本章で作った「電子金庫」は、あくまでも製作例です。

　言うまでもないことかもしれませんが、この金庫の中に入れたものが誰にも盗まれないことを保証するようなものではありません。

　本体ごと持ち去られたら、一巻の終わりです。

第11章 「RGBドットマトリクスLED」を使った「カラードット・クロック」

プログラム　製作費 約6,000円

「ドットマトリクスLED」にも、RGB（赤、緑、青のLEDを1つにまとめたもの）タイプのものが、比較的低価格で手に入るようになりましたが、具体的な使い方の解説は、ほとんど見かけません。
そこで、この「RGBドットマトリクスLED」の基本を学んで、「カラードット・クロック」を作ります。

★学習する知識
「RGBドットマトリクスLED」の使い方

本章で作る「カラードット・クロック」は、7色に表示色を変えることができ、オリジナルのドットパターンも表示できるデジタル時計です。

恐らく、このようなデジタルクロックはお店でも見たことがないかもしれません。
配線の箇所が多いので製作はちょっと大変かもしれませんが、ぜひチャレンジしてみてください。

「単色ドットマトリクスLED」を点灯させるための基本

「ドットマトリクスLED」を点灯させる基本は、「一列ずつ点灯させる」ということです。

なぜ、1列ずつなのかというと、「8×8」の場合、64個のLEDがあるわけですが、その1個1個を個別に点灯できるような、配線取り出し構造にはなっていないためです。

＊

次に示す図を見てください。
単色の「ドットマトリクスLED」の例で説明します。

なお、「電流制限用抵抗」は数字側（プラス）に入っていますが、アルファベット側（マイナス）に入れてもかまいません。
両方に入れる必要はなく、どちらか一方に入っていればOKです。

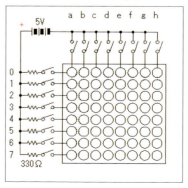

単色の「ドットマトリクスLED」の例

「単色ドットマトリクスLED」を点灯させるための基本

このようにした回路で、次の図のようなパターンを点灯させることを試みます。

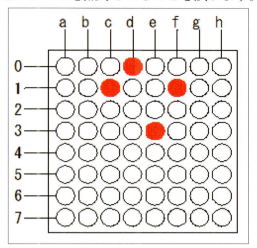

パターン点灯図

まず、各端子にスイッチ、また「0～7」（カソード側）に「330Ωの抵抗」を付けて、5Vの電源につなぎます。

スイッチがすべて開いている状態では、当然どのドットも点灯しません。

そこで、まず「c」と「1」のスイッチを入れてみます。そうすると、次の図のように点灯することが分かります。

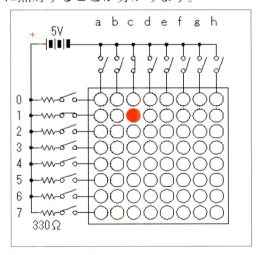

「c」と「1」のスイッチを入れた場合

スイッチを一度切り、こんどは「d」と「0」のスイッチを入れます。

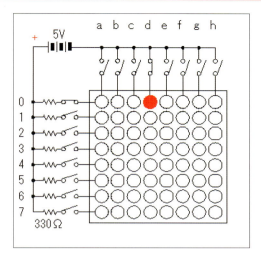

「d」と「0」のスイッチを入れた場合

同様にして、「e」と「3」、「f」と「1」を順次入れていきます。

もちろん、入れるスイッチ以外は、すべて、切った状態に戻してください。

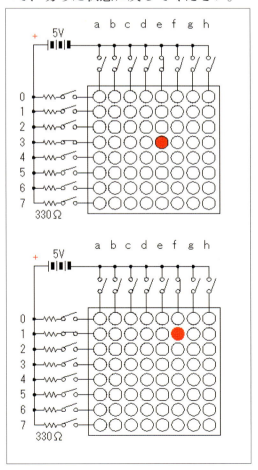

「e」と「3」（上）、「f」と「1」（下)のスイッチを入れた場合

141

第11章 「RGBドットマトリクスLED」を使った「カラードット・クロック」

このようにすれば、点灯させたいドットは、すべて点灯させたことになりますが、同時には点灯していません。

これでは、どう考えても目的のパターンを点灯させているとは言えません。

ところが、この動作を高速で繰り返し行なうと、目の残像現象によって、きちんと目的のドットパターンで点灯しているように見えるのです。

どれぐらい高速かと言うと、「1/1000秒」から「2/1000秒」程度の速さで行ないます。

（これぐらい速くしないと、チラつきが出てしまいます）。

このような点灯方式は、「ダイナミック制御表示」と呼ばれ、多くの電子機器の「7セグメントLED数字」の表示などでも使われている考え方です。

「RGBドットマトリクスLED」を点灯させるための基本

では、「RGBドットマトリクスLED」の場合はどうでしょう。考え方は同じです。

1ドットのLEDで、「赤」(R)、「緑」(G)、「青」(B)のLEDがあるので、それぞれのLEDにスイッチを付ける必要があります。

本章で使っているDM1088RGBは、「アノードコモン」になので、電池の「＋－」が逆になっており、「＋」が共通端子（コモン）となります。

単色の場合は、「コモン」はピン配置の違いだけで、どちらが「コモン」ということもあまり関係ありませんが、RGBタイプのものでは「コモン」は重要です。

そして、RGBそれぞれのスイッチをオンすることで、目的の色のLEDが光ります。

これで3つの色が出せるわけですが、次の表のように、複数の色のLEDを同時に点けることで、他の色も出すことができます。

「1」が点灯、「0」は消灯を表わす

	R(赤)	G(緑)	B(青)
黒(消灯)	0	0	0
青	0	0	1
緑	0	1	0
水色	0	1	1
赤	1	0	0
紫	1	0	1
黄色	1	1	0
白	1	1	1

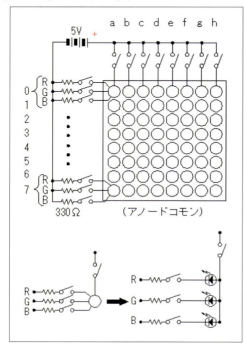

「アノードコモン」タイプの内部結線

また、それぞれのLEDの「輝度」（明るさ）を変化させて点灯することによって、「中間色」を出すこともできます。

「フルカラー」とは、RGBの中間色を組み合わせて発光した場合、どのような色でも出せるところから、そう呼ばれています。

「単色」の場合と同様に、1ラインごとに、任意の色を点灯させて、順次「a〜h」のラインを切り替えていけば、目の残像現象で、すべてのドットが点灯しているように見えます。

ドットは大きいですが、まさに「カラーディスプレイ」そのものです。

利用する「RGBドットマトリクス」の個数

今回は、「8×8ドットのRGBドットマトリクス」(**DM1088RGB**)を3つ使って、7色の色で点灯するデジタル時計を作ってみたいと思います。

表示する数字の構成は、下の図のように「5×8ドット」です。

もっとたくさん使えば表示できるキャラクタの解像度は上がるのですが、この「RGBドットマトリクス」を使うのは、想像以上に大変なのです。

まず、個数が多くなればなるほど、専用の「プリント基板」を作らなければ、途方もない箇所の半田付け作業に追われることになります。

「カラードット・クロック」も、最初は4つ(4桁)使ったものを考え、基板のサイズがあまり大きくなかった関係で、3つに変更しました。

しかしそれでも、配線箇所の多さは大変なものでした。

ですから、この「RGBドットマトリクス」については、ほどほどの数からはじめるようにしましょう。

もちろん、ハンダ付けの多さなど、何の気にもならないという人は、いくつ使うかという点については気にする必要はありません。

もちろん、この考え方を使って、最近の電車で使われている「カラーLED方向幕」などを作ることもできます。

ただ、1個の価格も750円〜1000円(aitendo)程度するので、多くの個数を必要とする場合は、かなりの金額になります。

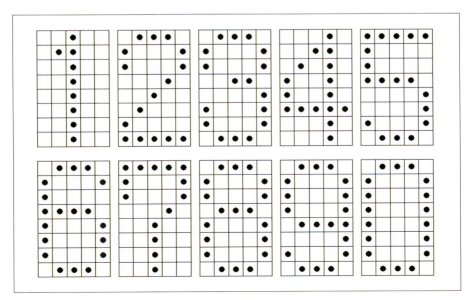

表示する数字の構成

第11章　「RGBドットマトリクスLED」を使った「カラードット・クロック」

「マイコン」を使って点灯させる

「RGBドットマトリクス」は、前述したような原理で点灯させるので、「マイコン」で制御する必要があります。

では、「RGBドットマトリクス」(8×8)を3つ制御するには、「I/Oポート」はいくつ必要でしょうか。

「マイコン」以外に、「TTL」などの他のパーツを使わなかった場合は、
① 「RGB」それぞれの「カソード端子」用で、「3×8＝24ポート」。
② 「コモンライン」制御用で、「8×3＝24ポート」。
③ 時刻合わせ用のボタンスイッチ「4ポート」。
④ 表示色の切り替え用DIPロータリースイッチ「4ポート」。
⑤ 輝度調整用VR用「1ポート」。
の、「24＋24＋4＋4＋1＝57ポート」が必要になりなります。

これに対応する「マイコン」がないわけではありませんが、なるべく安価に作ろうとすると、もっと「I/Oポートの少ないマイコン」を選択する必要があります。

そこで、「I/Oポート」を節約するために、いくつかの「TTL」を使うことにします。

＊

また、「TTL」を使う目的は、単に「I/Oポート」を減らすだけではありません。

もう1つの目的は、「表示の輝度を落とさない工夫」のためです。

「RGBドットマトリクス」の特徴は、任意のカラーを表示させる場合に、同時に「1ラインしか点灯させることができない」という点です。

もし「RGBドットマトリクス」を3個使った場合、ラインの数は「8×3＝24ライン」になります。

一般的にラインごとのデータは異なるため、同時点灯できるのは、やはり24ラインのうちの1ラインだけです。

最近の「ドットマトリクス」に使われているLEDは輝度が高いので、表示が問題なく認識できる程度には光ります。

しかし、個数が多くなればなるほど、輝度が減少することは否めません。

そこで、本章では「ラッチ」と呼ばれる「TTL」(**74HC373**)を使って、どんなに「RGBドットマトリクス」の数を増やしても、必ず8ライン中の1ラインが点灯するようにしました。

＊

「ラッチ」とは、データを保持するメモリのようなものです。

「8ビット」のデータを保持してくれるので、3個の「RGBドットマトリクス」のそれぞれ1ラインが同時に光ります。

この**74HC373**を、「ドットマトリクス」1個につき、「RGB」なので3個、全部で9個使います。

これが、ハンダ付け箇所を増やしてしまう理由です。

しかし、表示パターンデータを送るためのポートの数は、「24ポート」だったものが「8ポート」ですむので、実質1/3になります。

その上、輝度も落とさなくてすむので、メリットのほうが大きいと言えるでしょう。

また、「a～h」のライン制御も、3つのラインが同時に点灯するので、これも「4ポート」(**74HC138**用)ですみます。

結果的に、**PIC18F4520**(I/O数36ポートのマイコン)で制御できるよう

74HC373（ラッチ）の使い方

になります。
　　　　　　＊
マイコンピンの機能割り振りは、次のようになります。

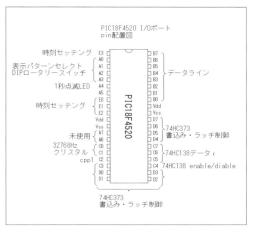

PIC18F4520 I/Oポート、Pin配置図

74HC373（ラッチ）の使い方

前述したように、「RGBドットマトリクス」の輝度を低下させないために、「ラッチ」を使います。

この「TTL」は、受け取った「8bitデータ」を次のデータ書き込み信号が来るまで保持してくれます。

ですから、RGBそれぞれのドットに必要なデータを次々に送り込み、各「RGBドットマトリクス」モジュールの1ラインが構成された段階で、「コモン」に電力を供給します。

具体的には、次の図のようになります。
　　　　　　＊
まず、1ラインの各RGBの各色をラッチする**74HC373**をenableにして（LE端子をHighにする）、データを書き込みます。

そして、書き込んだらすぐにdisableにします（LE端子をLowにする）。

次に、2ライン、3ラインに対しても同じことをします。

3つのラインのデータを、9つの**74HC373**に書込みが終わるまで、コモン端子には電力を供給しません。

書き込みが終わったら、「コモン」に電力を供給して、「1/1000秒」ほど点灯させます。そして、再び「コモン」への電力供給を止め、次のラインのデータを書き込み、同じことを繰り返します。

この動作によって、「RGBドットマトリクスLED」の3つのラインが、同時に点灯していることが分かります。

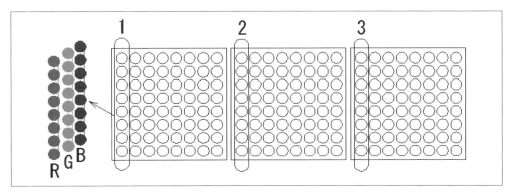

「ラッチ」を使う場合

145

第11章 「RGBドットマトリクスLED」を使った「カラードット・クロック」

部品表

使用する主な部品は、次の表のとおりです。

「RGBドットマトリクスLED」が総額の半分以上を占めますが、5,000円ほどで作れます。

RGBドットクロックに必要な主部品

部品名	型番等	必要数	単価(円)	金額(円)	購入店	備考
CPU	PIC18F4520	1	500	500	秋月電子	
クリスタル	32768Hz	1	30	30	〃	
Pch FET	FDS4935A	4	40	160	〃	
5Vレギュレータ	NJM2845DL1-05	1	50	50	〃	
CPUソケット	40Pin	1	80	80	〃	
RGBドットマトリクスLED	DM1088RGB	3	950	2,850	Aidendo	
ユニバーサル両面基板	67×100 2.54mm-1.778ピッチ P47X77-B	1	175	175	〃	
TTL	74HC373	9	85	765	樫木総業	
TTL	74HC32	2	26	52	〃	
TTL	74HC138	1	47	47	〃	
チップ抵抗	330Ω 1/8W	72	0.24	17	秋月電子	2500個購入時の単価
チップ抵抗	10kΩ 1/8W	8	0.24	2	〃	〃
チップ抵抗	1kΩ 1/8W	1	0.24	-	〃	〃
LED(1秒点滅確認用)		1	10	10	〃	
DIPロータリースイッチ	0~F：負論理	1	150	150	〃	
積層セラミックコンデンサ	0.1μF	1	10	10	〃	
積層セラミックコンデンサ	33pF	2	5	10	〃	
電解コンデンサ	330μF	1	20	20	〃	
ユニバーサル両面基板	95mm×72mm	1	200	200	〃	
2.1mmDCジャック	MJ-179P	1	40	40	〃	
ボリューム	10kΩ B型	1	50	50	〃	
タクトスイッチ	赤、緑、青、黄色	4	10	40	〃	
			合計金額	5,258		

回路図

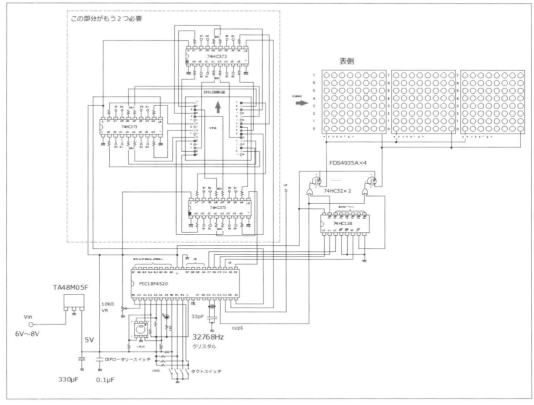

「カラードット・クロック」の回路図

　回路の特徴としては、時計なのでなるべく正確な動作をするように、定石どおりに外部に「32768Hzのクリスタル」を付けて、時計の1秒を作り出しています。

32768Hzのクリスタル

　メインクロックは、内部の最高クロックである「32MHz」に設定しています。
　また、今回は「RGBドットマトリクス」の輝度が高いので、暗い部屋などで「明る過ぎ」になるのを抑えるために「ボリューム」を付けて、「PWM」(pulse width modulation)による輝度調整を「1024段階」でできるようにしています。
　VRの中間ぐらいでも充分な明るさがあり、昼間の明るい戸外でも認識できます。
　その際の電流値は「50mA」程度ですが、さすがに電池で駆動し続けるには難があります。

　「ドットマトリクスLED」の「コモン」ラインの駆動には、**FDS4935A**という「チップFET」を使っています。
　この「FET」には、1つの部品に2つの独立した「P型FET」が入っているので、これを4つ使えばOKです。

147

第11章 「RGBドットマトリクスLED」を使った「カラードット・クロック」

5個で200円という非常に安価な価格ながら、MAXで7Aの駆動ができます。

チップ型で小さいため、実装するには多少難しい面もありますが、この小ささのおかげで、「ドットマトリクス基板」に実装することができます。

さらに、任意の色やパターンで表示状態を変えられるように、「DIPロータリースイッチ」も付けました。

これによって、15パターン（0～E）の異なる表示が楽しめます。

なお、「15」（F）ポジションには、データ定義をしていないので、オリジナルのデータを定義してみてください。

見栄えが良いかどうかは別として、数字ごとに色を変える設定などもできます。

また、プログラムのちょっとした変更で、「15」（F）ポジションでは、「時間帯ごとに定義した数字のデザインパターンを変える」というようなこともできます。

「RGBドットマトリクス」の実装基板

ここで使った「RGBドットマトリクス」は、「**DM1088RGB**」というものです（aitendoから購入できます）。

*

本体の大きさは「縦横32mm」という比較的小さなものです。

（「64mm」というものもありますが、これは、近くで見る用途では大き過ぎる感がある）。

「32mm」という小さなものでピン数が32本もあるので、そのピンピッチは「1.778mm」というかなりマイナーなピッチになっています。

これは、通常よく使われる2.54mmピッチの「ユニバーサル基板」には実装できませんし、2.54mmの半分となる1.27mmピッチにも合いません。

これを使うには、この「ドットマトリクス」を実装するための「専用ピッチのユニバーサル基板」を使うしかありません。

幸い、この基板はaitendoで扱っていますし、値段も175円と高いものではありません。

この基板は、縦が2.54mm、横が1.778mmというピッチになっており、「RGBドットマトリクス」を実装し、なおかつ「TTL」などの2.54mmピッチのパーツも実装できます。

1.778mmピッチの専用基板

これを1枚横に使って、次の写真のように実装しました。

この基板には、「ドットマトリクスLED」と「ラッチTTL」の**74HC373**を9個、それから電力ライン制御用の「FET」、**FDS4935**を4つ実装しています。

とにかく、配線箇所が多いので、ハンダ付け作業は、かなり根気が要ります。

テスト表示プログラム

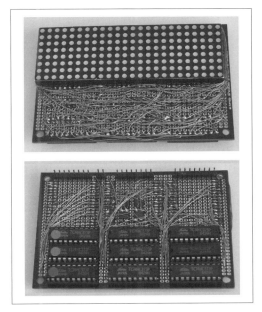

マトリクス基板(上が表、下が裏)

また、CPUを実装したメイン基板は、通常の2.54mmピッチの「両面ユニバーサル基板」で作ります。

メイン基板(上が表、下が裏)

コネクタを付けて、この2つの基板を2段にして、完成です。

「マトリクス基板」と「メイン基板」の接続

テスト表示プログラム

ハード(回路)が出来上がったら、実際にテスト用のデータを表示させて、正しく動作するかをチェックします。

ドットごとに色を変えられるので、せっかくですからゲームのキャラクタのようのものを表示させてみましょう。

さすがに8×8ドットでは苦しいですが、何となく、それっぽいものが表示できます。

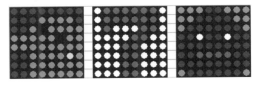

テスト表示させるデータ

本章で使っている「RGBドットマトリクス」は「アノードコモン」なので、データは「負論理」(マイナスで引き込む)になります。

そのため、定義したデータ配列の前には、チルダ(~)が付いています。

これによって、定義したデータは反転します。

`[例] ~picture[(count/8+j)%3][line][i]`

＊

データ定義のルールは、左の縦の1ラインを8bitのデータとして、それぞれ、「R、G、B」成分の順で読み取りデータに定義します。

149

第11章 「RGBドットマトリクスLED」を使った「カラードット・クロック」

たとえば、上から、「赤、緑、青、黄、紫、水色、白、白」というデータの場合は、まず、「赤」の成分から読み取ります。

上から「赤」の成分を使っているものを読み取って横のデータとして表わすと、

●○○●●○●●
●：赤

となります。

「黄色」の部分は、「赤」と「緑」を点灯させることで合成するので、「赤」が点灯となります。

また、「紫」の部分は「赤」と「青」を点灯させることで合成するので、やはり「赤」が点灯します。

「白」の部分は「赤、緑、青」が点灯で合成するので、ここも点灯となります。

このデータで、「赤」が点灯のところを「1」、点灯しないところを「0」として2進数で読み取ると、

```
10011011
```

となり、これを16進数で表すと、「9b」となります。

なぜ16進数にするかというと、C言語でデータを定義するときに16進数で定義するからです。

同様にして、「緑」の成分を読み取ると、

○●○●○●●●
●：緑

になります。

これは2進数で「01010111」で、16進数では「57」となります。

「青」の成分も読み取ると、

○○●○●●●●
●：緑

になります。

これは2進数で「00101111」で、16進数では「2f」となります。

これをC言語のプログラム上の定義では、

と書きます。

「0」の場合は、「0x0」と書いてもいいのですが、面倒なので、16進数であるという意味の「0x」は省略しています。

テストパターンを表示したところ

テスト表示プログラム

【リスト13】テストパターンの表示プログラム

```c
//--------------------------------
// PIC18F4520 rgbClock Test Program
// Programed by Mintaro Kanda
// 2014-6-1(Sun)
//--------------------------------
#include <18F4520.h>
#fuses INTRC_IO,NOWDT,NOPROTECT,NOBROWNOUT,PUT,NOMCLR,CCP2C1
#fuses IESO,NOFCMEN,NOBROWNOUT,PUT
#fuses NOWDT,WDT32768
#fuses NODEBUG,NOLVP,NOSTVREN
#fuses NOPROTECT,NOCPD,NOCPB
#fuses NOWRT,NOWRTD,NOWRTB,NOWRTC,NOEBTR,NOEBTRB
#device ADC=10 //アナログ電圧を分解能10bitで読み出す
#use delay (clock=32000000)
#use fast_io(A)
#use fast_io(B)
#use fast_io(C)
#use fast_io(D)
#use fast_io(E)
int count=0;
const int data[8][3]={{0x0,0xff,0xff},
              {0xff,0x0,0xff},
              {0xff,0xff,0x0},
              {0x0,0xff,0x0},
              {0xff,0x0,0x0},
              {0x0,0x0,0xff},
              {0x0,0x0,0x0},
              {0xff,0xff,0xff} };

const int picture[3][8][3]={{{0,0x18,0xe7},{0,0x18,0xe7},{0,0x3f,0xc0},{0,0x5f,0x80},
                 {0,0x7f,0x80},{0,0x6f,0x80},{0x04,0x7f,0x80},{0,0x3f,0xc0}},
                {{0xff,0xff,0xff},{0xff,0x1f,0x1f},{0xff,0x3f,0x3f},{0xff,0x30,0x30},
                 {0xff,0x20,0x20},{0xff,0x0f,0x0f},{0xff,0x1f,0x1f},{0xff,0xff,0xff}},
                {{0,0xe1,0x1e},{0,0xc0,0x3f},{0x14,0x90,0x7b},{0x04,0,0xfb},
                 {0x04,0,0xfb},{0x14,0x90,0x7b},{0,0xc0,0x3f},{0,0xe1,0x1e}}};
#int_timer1 //タイマ1割込み処理
void byo(void){
 set_timer1(0xF000);
 output_bit(PIN_A5,count);//コロン点滅用
 count++;
}
void main()
{
 long value;
 int i,j,le,line;

 setup_oscillator(OSC_32MHZ);
 set_tris_a(0x1f);
 set_tris_b(0x00);
 set_tris_c(0x00);
 set_tris_d(0x00);
 set_tris_e(0xff);//切り替えスイッチ用(入力4ビット)
```

```c
  setup_adc(ADC_CLOCK_INTERNAL);//ADCのクロックを内部クロックに設定
  setup_adc_ports(AN0);
  setup_ccp1(CCP_PWM);
  setup_timer_2(T2_DIV_BY_16,255,1);///PWM周期T=1/32MHz×16×4×(255+1)
                  //        =0.512ms(1.953kHz)
                  //デューティーサイクル分解能
                  //t=1/32MHz×duty×4(duty=0〜1023)
//割り込み設定
  setup_timer_1(T1_EXTERNAL_SYNC | T1_CLK_OUT | T1_DIV_BY_1);
  set_timer1(0xF000); //initial set
  enable_interrupts(INT_TIMER1);
  enable_interrupts(GLOBAL);

  while(1){
   while(count<32){
    for(line=0;line<8;line++){
     output_low(PIN_C4);//HC138をdisable
     le=1;
     for(j=0;j<3;j++){
      for(i=0;i<3;i++){
       //74HC373にdata-write信号
       //R1>R2>R3→G1>G2>G3→B1>B2>B3
       if(j==2 && i==2){
        output_d(0);
        output_high(PIN_C3);
       }
       else{
        output_low(PIN_C3);
        output_d(le);
       }
       //74HC373にdata投入
       if(count<8) output_b(data[line][i]);
       else output_b(~picture[(count/8+j)%3][line][i]);
       output_low(PIN_C3);
       output_d(0);//書き込み禁止信号
       le<<=1;
      }
     }//for(j=0
     //a〜hラインに電力供給
     output_c((line<<5) | 0x10);
     delay_ms(1);
     set_adc_channel(0); //ADCを読み込むピンを指定
     delay_us(40);
     value = read_adc(); //読み込み
     set_pwm1_duty(value);
    }//for(line
   }//while
   count=0;
  }//while
}
```

「カラードット・クロック」のプログラム

次に、本題である「ドットクロック」用のプログラムを示します。

表示するためのデータは、プログラムの書き込み後は変更する必要がないので、「const」指定をします。

そうすることで、32kバイトあるROMエリアに書き込みます。

この指定をしないと、「RAM領域」(配列値を変更可能)に書き込もうとするので、「十分な領域がない！」というエラーになります。

たくさん定義しているように見えますが、これでもまだ領域の16％程度で、この何倍もの種類のパターンが定義できます。

プログラムには、次のようなドットパターンが定義してあります。

これは、自由に変えることができます。

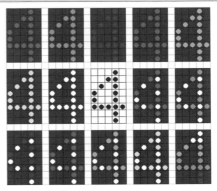

定義した表示パターン

時計なので、なるべく正確なものにするために、「割り込み処理」を使って1秒を刻みます。

また、「分」が変わるごとに、「EEPROM領域」に値を書き込むので、電源を切っても、切った時点の時刻を記憶しています。

そのため、再び電源を入れると、電源を切った時点の時刻から動き始めます。

【リスト14】「カラードット・クロック」のプログラム

```
//----------------------------------
// PIC18F4520 rgbClock
// Programed by Mintaro Kanda
// 2014-6-1(Sun)
//----------------------------------
#include <18F4520.h>
#fuses INTRC_IO,NOWDT,NOPROTECT,NOBROWNOUT,PUT,NOMCLR
#fuses IESO,NOFCMEN,NOBROWNOUT,PUT
#fuses NOWDT,WDT32768
#fuses NODEBUG,NOLVP,NOSTVREN
#fuses NOPROTECT,NOCPD,NOCPB
#fuses NOWRT,NOWRTD,NOWRTB,NOWRTC,NOEBTR,NOEBTRB
#device ADC=10 //アナログ電圧を分解能10bitで読み出す
#use delay (clock=32000000)
#use fast_io(A)
#use fast_io(B)
#use fast_io(C)
#use fast_io(D)
#use fast_io(E)
#define adr 0
int count=0,select,select_b=16;
int keta[4]={0,0,0,0};
```

第11章 「RGB ドットマトリクス LED」を使った「カラードット・クロック」

```c
int table[3][24];
const int line_n[4]={0,5,13,19},blank[4]={4,10,12,18};
const int colon[15][3]={{0x24,0,0},{0,0x24,0},{0,0,0x24},{0x24,0x24,0},
            {0,0x24,0x24},{0x24,0,0x24},{0x24,0x24,0x24},
            {0xdb,0xdb,0xdb},{0x24,0x24,0x24},{0x24,0x24,0x24},
            {0x24,0x24,0x24},{0x24,0x24,0x24},{0x24,0x24,0x24},
            {0x24,0x24,0x24},{0,0x24,0x20}};

        // [色][0～9][Line][RGB]
const int rgbdata[15][10][5][3]={
       {{{0x7e,0,0},{0x81,0,0},{0x81,0,0},{0x81,0,0},{0x7e,0,0}},//red 0
        {{0,0,0},{0x40,0,0},{0xff,0,0},{0,0,0},{0,0,0}},//red 1
        {{0x63,0,0},{0x85,0,0},{0x89,0,0},{0x91,0,0},{0x61,0,0}},//red 2
        {{0x66,0,0},{0x81,0,0},{0x91,0,0},{0x91,0,0},{0x6e,0,0}},//red 3
        {{0x1c,0,0},{0x24,0,0},{0x44,0,0},{0xff,0,0},{0x04,0,0}},//red 4
        {{0xf2,0,0},{0x91,0,0},{0x91,0,0},{0x91,0,0},{0x8e,0,0}},//red 5
        {{0x7e,0,0},{0x91,0,0},{0x91,0,0},{0x91,0,0},{0x4e,0,0}},//red 6
        {{0xc0,0,0},{0x80,0,0},{0x8f,0,0},{0x90,0,0},{0xe0,0,0}},//red 7
        {{0x6e,0,0},{0x91,0,0},{0x91,0,0},{0x91,0,0},{0x6e,0,0}},//red 8
        {{0x72,0,0},{0x89,0,0},{0x89,0,0},{0x89,0,0},{0x7e,0,0}}},//red 9

        {{{0,0x7e,0},{0,0x81,0},{0,0x81,0},{0,0x81,0},{0,0x7e,0}},//green 0
        {{0,0,0},{0,0x40,0},{0,0xff,0},{0,0,0},{0,0,0}},//green 1
        {{0,0x63,0},{0,0x85,0},{0,0x89,0},{0,0x91,0},{0,0x61,0}},//green 2
        {{0,0x66,0},{0,0x81,0},{0,0x91,0},{0,0x91,0},{0,0x6e,0}},//green 3
        {{0,0x1c,0},{0,0x24,0},{0,0x44,0},{0,0xff,0},{0,0x04,0}},//green 4
        {{0,0xf2,0},{0,0x91,0},{0,0x91,0},{0,0x91,0},{0,0x8e,0}},//green 5
        {{0,0x7e,0},{0,0x91,0},{0,0x91,0},{0,0x91,0},{0,0x4e,0}},//green 6
        {{0,0xc0,0},{0,0x80,0},{0,0x8f,0},{0,0x90,0},{0,0xe0,0}},//green 7
        {{0,0x6e,0},{0,0x91,0},{0,0x91,0},{0,0x91,0},{0,0x6e,0}},//green 8
        {{0,0x72,0},{0,0x89,0},{0,0x89,0},{0,0x89,0},{0,0x7e,0}}},//green 9

        {{{0,0,0x7e},{0,0,0x81},{0,0,0x81},{0,0,0x81},{0,0,0x7e}},//blue 0
        {{0,0,0},{0,0,0x40},{0,0,0xff},{0,0,0},{0,0,0}},//blue 1
        {{0,0,0x63},{0,0,0x85},{0,0,0x89},{0,0,0x91},{0,0,0x61}},//blue 2
        {{0,0,0x66},{0,0,0x81},{0,0,0x91},{0,0,0x91},{0,0,0x6e}},//blue 3
        {{0,0,0x1c},{0,0,0x24},{0,0,0x44},{0,0,0xff},{0,0,0x04}},//blue 4
        {{0,0,0xf2},{0,0,0x91},{0,0,0x91},{0,0,0x91},{0,0,0x8e}},//blue 5
        {{0,0,0x7e},{0,0,0x91},{0,0,0x91},{0,0,0x91},{0,0,0x4e}},//blue 6
        {{0,0,0xc0},{0,0,0x80},{0,0,0x8f},{0,0,0x90},{0,0,0xe0}},//blue 7
        {{0,0,0x6e},{0,0,0x91},{0,0,0x91},{0,0,0x91},{0,0,0x6e}},//blue 8
        {{0,0,0x72},{0,0,0x89},{0,0,0x89},{0,0,0x89},{0,0,0x7e}}},//blue 9

        {{{0x7e,0x7e,0},{0x81,0x81,0},{0x81,0x81,0},{0x81,0x81,0},{0x7e,0x7e,0}},//yellow 0
        {{0,0,0},{0x40,0x40,0},{0xff,0xff,0},{0,0,0},{0,0,0}},//yellow 1
        {{0x63,0x63,0},{0x85,0x85,0},{0x89,0x89,0},{0x91,0x91,0},{0x61,0x61,0}},//yellow 2
        {{0x66,0x66,0},{0x81,0x81,0},{0x91,0x91,0},{0x91,0x91,0},{0x6e,0x6e,0}},//yellow 3
        {{0x1c,0x1c,0},{0x24,0x24,0},{0x44,0x44,0},{0xff,0xff,0},{0x04,0x04,0}},//yellow 4
        {{0xf2,0xf2,0},{0x91,0x91,0},{0x91,0x91,0},{0x91,0x91,0},{0x8e,0x8e,0}},//yellow 5
        {{0x7e,0x7e,0},{0x91,0x91,0},{0x91,0x91,0},{0x91,0x91,0},{0x4e,0x4e,0}},//yellow 6
        {{0xc0,0xc0,0},{0x80,0x80,0},{0x8f,0x8f,0},{0x90,0x90,0},{0xe0,0xe0,0}},//yellow 7
        {{0x6e,0x6e,0},{0x91,0x91,0},{0x91,0x91,0},{0x91,0x91,0},{0x6e,0x6e,0}},//yellow 8
        {{0x72,0x72,0},{0x89,0x89,0},{0x89,0x89,0},{0x89,0x89,0},{0x7e,0x7e,0}}},//yellow 9
```

「カラードット・クロック」のプログラム

```
        {{{0,0x7e,0x7e},{0,0x81,0x81},{0,0x81,0x81},{0,0x81,0x81},{0,0x7e,0x7e}},//cyan 0
         {{0,0,0},{0,0x40,0x40},{0,0xff,0xff},{0,0,0},{0,0,0}},//cyan 1
         {{0,0x63,0x63},{0,0x85,0x85},{0,0x89,0x89},{0,0x91,0x91},{0,0x61,0x61}},//cyan 2
         {{0,0x66,0x66},{0,0x81,0x81},{0,0x91,0x91},{0,0x91,0x91},{0,0x6e,0x6e}},//cyan 3
         {{0,0x1c,0x1c},{0,0x24,0x24},{0,0x44,0x44},{0,0xff,0xff},{0,0x04,0x04}},//cyan 4
         {{0,0xf2,0xf2},{0,0x91,0x91},{0,0x91,0x91},{0,0x91,0x91},{0,0x8e,0x8e}},//cyan 5
         {{0,0x7e,0x7e},{0,0x91,0x91},{0,0x91,0x91},{0,0x91,0x91},{0,0x4e,0x4e}},//cyan 6
         {{0,0xc0,0xc0},{0,0x80,0x80},{0,0x8f,0x8f},{0,0x90,0x90},{0,0xe0,0xe0}},//cyan 7
         {{0,0x6e,0x6e},{0,0x91,0x91},{0,0x91,0x91},{0,0x91,0x91},{0,0x6e,0x6e}},//cyan 8
         {{0,0x72,0x72},{0,0x89,0x89},{0,0x89,0x89},{0,0x89,0x89},{0,0x7e,0x7e}}},//cyan9

        {{{0x7e,0,0x7e},{0x81,0,0x81},{0x81,0,0x81},{0x81,0,0x81},{0x7e,0,0x7e}},//violet0
         {{0,0,0},{0x40,0,0x40},{0xff,0,0xff},{0,0,0},{0,0,0}},//violet 1
         {{0x63,0,0x63},{0x85,0,0x85},{0x89,0,0x89},{0x91,0,0x91},{0x61,0,0x61}},//violet 2
         {{0x66,0,0x66},{0x81,0,0x81},{0x91,0,0x91},{0x91,0,0x91},{0x6e,0,0x6e}},//violet 3
         {{0x1c,0,0x1c},{0x24,0,0x24},{0x44,0,0x44},{0xff,0,0xff},{0x04,0,0x04}},//violet 4
         {{0xf2,0,0xf2},{0x91,0,0x91},{0x91,0,0x91},{0x91,0,0x91},{0x8e,0,0x8e}},//violet 5
         {{0x7e,0,0x7e},{0x91,0,0x91},{0x91,0,0x91},{0x91,0,0x91},{0x4e,0,0x4e}},//violet 6
         {{0xc0,0,0xc0},{0x80,0,0x80},{0x8f,0,0x8f},{0x90,0,0x90},{0xe0,0,0xe0}},//violet 7
         {{0x6e,0,0x6e},{0x91,0,0x91},{0x91,0,0x91},{0x91,0,0x91},{0x6e,0,0x6e}},//violet 8
         {{0x72,0,0x72},{0x89,0,0x89},{0x89,0,0x89},{0x89,0,0x89},{0x7e,0,0x7e}}},//violet 9

        {{{0x7e,0x7e,0x7e},{0x81,0x81,0x81},{0x81,0x81,0x81},{0x81,0x81,0x81},{0x7e,0x7e,0x7e}},//white 0
         {{0,0,0},{0x40,0x40,0x40},{0xff,0xff,0xff},{0,0,0},{0,0,0}},//white 1
         {{0x63,0x63,0x63},{0x85,0x85,0x85},{0x89,0x89,0x89},{0x91,0x91,0x91},{0x61,0x61,0x61}},//white 2
         {{0x46,0x46,0x46},{0x81,0x81,0x81},{0x91,0x91,0x91},{0x91,0x91,0x91},{0x6e,0x6e,0x6e}},//white 3
         {{0x1c,0x1c,0x1c},{0x24,0x24,0x24},{0x44,0x44,0x44},{0xff,0xff,0xff},{0x04,0x04,0x04}},//white 4
         {{0xf2,0xf2,0xf2},{0x91,0x91,0x91},{0xa1,0xa1,0xa1},{0xa1,0xa1,0xa1},{0x9e,0x9e,0x9e}},//white 5
         {{0x7e,0x7e,0x7e},{0x91,0x91,0x91},{0x91,0x91,0x91},{0x91,0x91,0x91},{0x4e,0x4e,0x4e}},//white 6
         {{0xe0,0xe0,0xe0},{0x80,0x80,0x80},{0x8f,0x8f,0x8f},{0x90,0x90,0x90},{0xe0,0xe0,0xe0}},//white 7
         {{0x6e,0x6e,0x6e},{0x91,0x91,0x91},{0x91,0x91,0x91},{0x91,0x91,0x91},{0x6e,0x6e,0x6e}},//white 8
         {{0x72,0x72,0x72},{0x89,0x89,0x89},{0x89,0x89,0x89},{0x89,0x89,0x89},{0x7e,0x7e,0x7e}}},//white 9

        {{{0x81,0x81,0x81},{0x7e,0x7e,0x7e},{0x7e,0x7e,0x7e},{0x7e,0x7e,0x7e},{0x81,0x81,0x81}},//black 0
         {{0xff,0xff,0xff},{0xbf,0xbf,0xbf},{0x00,0x00,0x00},{0xff,0xff,0xff},{0xff,0xff,0xff}},//black 1
         {{0x9c,0x9c,0x9c},{0x7a,0x7a,0x7a},{0x76,0x76,0x76},{0x6e,0x6e,0x6e},{0x9e,0x9e,0x9e}},//black 2
         {{0xb9,0xb9,0xb9},{0x7e,0x7e,0x7e},{0x6e,0x6e,0x6e},{0x6e,0x6e,0x6e},{0x91,0x91,0x91}},//black 3
         {{0xe3,0xe3,0xe3},{0xdb,0xdb,0xdb},{0xbb,0xbb,0xbb},{0x00,0x00,0x00},{0xfb,0xfb,0xfb}},//black 4
         {{0x0d,0x0d,0x0d},{0x6e,0x6e,0x6e},{0x5e,0x5e,0x5e},{0x5e,0x5e,0x5e},{0x61,0x61,0x61}},//black 5
```

第11章 「RGBドットマトリクスLED」を使った「カラードット・クロック」

```
            {{0x81,0x81,0x81},{0x6e,0x6e,0x6e},{0x6e,0x6e,0x6e},{0x6e,0x6e,0x6e},{0xb1,0xb1,
0xb1}},//black 6
            {{0x1f,0x1f,0x1f},{0x7f,0x7f,0x7f},{0x70,0x70,0x70},{0x6f,0x6f,0x6f},{0x1f,0x1f,
0x1f}},//black 7
            {{0x91,0x91,0x91},{0x6e,0x6e,0x6e},{0x6e,0x6e,0x6e},{0x6e,0x6e,0x6e},{0x91,0x91,
0x91}},//black 8
            {{0x8d,0x8d,0x8d},{0x76,0x76,0x76},{0x76,0x76,0x76},{0x76,0x76,0x76},{0x81,0x81,
0x81}}},//black 9

       {{{0x7e,0x2a,0x2a},{0x81,0x80,0x80},{0x81,0x01,0x01},{0x81,0x80,0x80},{0x7e,0x2a,0x2a}},
        {{0,0,0},{0x40,0,0},{0xff,0x55,0x55},{0,0,0},{0,0,0}},
        {{0x63,0x41,0x41},{0x85,0x04,0x04},{0x89,0x81,0x81},{0x91,0x10,0x10},{0x61,0x41,0x41}},
        {{0x46,0x02,0x02},{0x81,0x80,0x80},{0x91,0x11,0x11},{0x91,0x80,0x80},{0x6e,0x2a,0x2a}},
        {{0x1c,0x08,0x08},{0x24,0x24,0x24},{0x44,0,0},{0xff,0x55,0x55},{0x04,0,0}},
        {{0xf2,0x50,0x50},{0x91,0x81,0x81},{0xa1,0x20,0x20},{0xa1,0x81,0x81},{0x9e,0x14,0x14}},
        {{0x7e,0x2a,0x2a},{0x91,0x90,0x90},{0x91,0x01,0x01},{0x91,0x90,0x90},{0x4e,0x04,0x04}},
        {{0xe0,0x40,0x40},{0x80,0x80,0x80},{0x8f,0x05,0x05},{0x90,0x90,0x90},{0xe0,0x40,0x40}},
        {{0x6e,0x2a,0x2a},{0x91,0x80,0x80},{0x91,0x11,0x11},{0x91,0x80,0x80},{0x6e,0x2a,0x2a}},
        {{0x72,0x20,0x20},{0x89,0x09,0x09},{0x89,0x80,0x80},{0x89,0x09,0x09},{0x7e,0x54,0x54}}},

       {{{0x2a,0x7e,0x2a},{0x80,0x81,0x80},{0x01,0x81,0x01},{0x80,0x81,0x80},{0x2a,0x7e,0x2a}},
        {{0,0,0},{0,0x40,0},{0x55,0xff,0x55},{0,0,0},{0,0,0}},
        {{0x41,0x63,0x41},{0x04,0x85,0x04},{0x81,0x89,0x81},{0x10,0x91,0x10},{0x41,0x61,0x41}},
        {{0x02,0x46,0x02},{0x80,0x81,0x80},{0x11,0x91,0x11},{0x80,0x91,0x80},{0x2a,0x6e,0x2a}},
        {{0x08,0x1c,0x08},{0x24,0x24,0x24},{0,0x44,0},{0x55,0xff,0x55},{0,0x04,0}},
        {{0x50,0xf2,0x50},{0x81,0x91,0x81},{0x20,0xa1,0x20},{0x81,0xa1,0x81},{0x14,0x9e,0x14}},
        {{0x2a,0x7e,0x2a},{0x90,0x91,0x90},{0x01,0x91,0x01},{0x90,0x91,0x90},{0x04,0x4e,0x04}},
        {{0x40,0xe0,0x40},{0x80,0x80,0x80},{0x05,0x8f,0x05},{0x90,0x90,0x90},{0x40,0xe0,0x40}},
        {{0x2a,0x6e,0x2a},{0x80,0x91,0x80},{0x11,0x91,0x11},{0x80,0x91,0x80},{0x2a,0x6e,0x2a}},
        {{0x20,0x72,0x20},{0x09,0x89,0x09},{0x80,0x89,0x80},{0x09,0x89,0x09},{0x54,0x7e,0x54}}},

       {{{0x2a,0x2a,0x7e},{0x80,0x80,0x81},{0x01,0x01,0x81},{0x80,0x80,0x81},{0x2a,0x2a,0x7e}},
        {{0,0,0},{0,0,0x40},{0x55,0x55,0xff},{0,0,0},{0,0,0}},
        {{0x41,0x41,0x63},{0x04,0x04,0x85},{0x81,0x81,0x89},{0x10,0x10,0x91},{0x41,0x41,0x61}},
        {{0x02,0x02,0x46},{0x80,0x80,0x81},{0x11,0x11,0x91},{0x80,0x80,0x91},{0x2a,0x2a,0x6e}},
        {{0x08,0x08,0x1c},{0x24,0x24,0x24},{0,0,0x44},{0x55,0x55,0xff},{0,0,0x04}},
        {{0x50,0x50,0xf2},{0x81,0x81,0x91},{0x20,0x20,0xa1},{0x81,0x81,0xa1},{0x14,0x14,0x9e}},
        {{0x2a,0x2a,0x7e},{0x90,0x90,0x91},{0x01,0x01,0x91},{0x90,0x90,0x91},{0x04,0x04,0x4e}},
        {{0x40,0x40,0xe0},{0x80,0x80,0x80},{0x05,0x05,0x8f},{0x90,0x90,0x90},{0x40,0x40,0xe0}},
        {{0x2a,0x2a,0x6e},{0x80,0x80,0x91},{0x11,0x11,0x91},{0x80,0x80,0x91},{0x2a,0x2a,0x6e}},
        {{0x20,0x20,0x72},{0x09,0x09,0x89},{0x80,0x80,0x89},{0x09,0x09,0x89},{0x54,0x54,0x7e}}},

       {{{0x7e,0x7e,0x2a},{0x81,0x81,0x80},{0x81,0x81,0x01},{0x81,0x81,0x80},{0x7e,0x7e,0x2a}},
        {{0,0,0},{0x40,0x40,0},{0xff,0xff,0x55},{0,0,0},{0,0,0}},
        {{0x63,0x63,0x41},{0x85,0x85,0x04},{0x89,0x89,0x81},{0x91,0x91,0x10},{0x61,0x61,0x41}},
        {{0x46,0x46,0x02},{0x81,0x81,0x80},{0x91,0x91,0x11},{0x91,0x91,0x80},{0x6e,0x6e,0x2a}},
        {{0x1c,0x1c,0x08},{0x24,0x24,0x24},{0x44,0x44,0},{0xff,0xff,0x55},{0x04,0x04,0}},
        {{0xf2,0xf2,0x50},{0x91,0x91,0x81},{0xa1,0xa1,0x20},{0xa1,0xa1,0x81},{0x9e,0x9e,0x14}},
        {{0x7e,0x7e,0x2a},{0x91,0x91,0x90},{0x91,0x91,0x01},{0x91,0x91,0x90},{0x4e,0x4e,0x04}},
        {{0xe0,0xe0,0x40},{0x80,0x80,0x80},{0x8f,0x8f,0x05},{0x90,0x90,0x90},{0xe0,0xe0,0x40}},
        {{0x6e,0x6e,0x2a},{0x91,0x91,0x80},{0x91,0x91,0x11},{0x91,0x91,0x80},{0x6e,0x6e,0x2a}},
        {{0x72,0x72,0x20},{0x89,0x89,0x09},{0x89,0x89,0x80},{0x89,0x89,0x09},{0x7e,0x7e,0x54}}},

       {{{0x2a,0x7e,0x7e},{0x80,0x81,0x81},{0x01,0x81,0x81},{0x80,0x81,0x81},{0x2a,0x7e,0x7e}},
```

```
    {{0,0,0},{0,0x40,0x40},{0x55,0xff,0xff},{0,0,0},{0,0,0}},
    {{0x41,0x63,0x63},{0x04,0x85,0x85},{0x81,0x89,0x89},{0x10,0x91,0x91},{0x41,0x61,0x61}},
    {{0x02,0x46,0x46},{0x80,0x81,0x81},{0x11,0x91,0x91},{0x80,0x91,0x91},{0x2a,0x6e,0x6e}},
    {{0x08,0x1c,0x1c},{0x24,0x24,0x24},{0,0x44,0x44},{0x55,0xff,0xff},{0,0x04,0x04}},
    {{0x50,0xf2,0xf2},{0x81,0x91,0x91},{0x20,0xa1,0xa1},{0x81,0xa1,0xa1},{0x14,0x9e,0x9e}},
    {{0x2a,0x7e,0x7e},{0x90,0x91,0x91},{0x01,0x91,0x91},{0x90,0x91,0x91},{0x04,0x4e,0x4e}},
    {{0x40,0xe0,0xe0},{0x80,0x80,0x80},{0x05,0x8f,0x8f},{0x90,0x90,0x90},{0x40,0xe0,0xe0}},
    {{0x2a,0x6e,0x6e},{0x80,0x91,0x91},{0x11,0x91,0x91},{0x80,0x91,0x91},{0x2a,0x6e,0x6e}},
    {{0x20,0x72,0x72},{0x09,0x89,0x89},{0x80,0x89,0x89},{0x09,0x89,0x89},{0x54,0x7e,0x7e}}},

   {{{0x7e,0x2a,0x7e},{0x81,0x80,0x81},{0x81,0x01,0x81},{0x81,0x80,0x81},{0x7e,0x2a,0x7e}},
    {{0,0,0},{0x40,0,0x40},{0xff,0x55,0xff},{0,0,0},{0,0,0}},
    {{0x63,0x41,0x63},{0x85,0x04,0x85},{0x89,0x80,0x89},{0x91,0x10,0x91},{0x61,0x41,0x61}},
    {{0x46,0x02,0x46},{0x81,0x80,0x81},{0x91,0x11,0x91},{0x91,0x80,0x91},{0x6e,0x2a,0x6e}},
    {{0x1c,0x08,0x1c},{0x24,0x24,0x24},{0x44,0,0x44},{0xff,0x55,0xff},{0x04,0,0x04}},
    {{0xf2,0x50,0xf2},{0x91,0x81,0x91},{0xa1,0x20,0xa1},{0xa1,0x81,0xa1},{0x9e,0x14,0x9e}},
    {{0x7e,0x2a,0x7e},{0x91,0x90,0x91},{0x91,0x01,0x91},{0x91,0x90,0x91},{0x4e,0x04,0x4e}},
    {{0xe0,0x40,0xe0},{0x80,0x80,0x80},{0x8f,0x05,0x8f},{0x90,0x90,0x90},{0xe0,0x40,0xe0}},
    {{0x6e,0x2a,0x6e},{0x91,0x80,0x91},{0x91,0x11,0x91},{0x91,0x80,0x91},{0x6e,0x2a,0x6e}},
    {{0x72,0x20,0x72},{0x89,0x09,0x89},{0x89,0x80,0x89},{0x89,0x09,0x89},{0x7e,0x54,0x7e}}},

   {{{0x40,0x7c,0x72},{0x80,0x80,0x81},{0x80,0x80,0x81},{0x80,0x80,0x81},{0x40,0x7c,0x72}},
    {{0,0,0},{0x40,0x40,0x40},{0xc0,0xfc,0xf3},{0,0,0},{0,0,0}},
    {{0x40,0x60,0x63},{0x80,0x84,0x81},{0x80,0x88,0x81},{0x80,0x90,0x91},{0x40,0x60,0x61}},
    {{0x40,0x64,0x62},{0x80,0x80,0x81},{0x80,0x90,0x91},{0x80,0x90,0x91},{0x40,0x6c,0x62}},
    {{0,0x1c,0x10},{0,0x24,0x20},{0x40,0x44,0x40},{0xc0,0xfc,0xf3},{0,0x04,0}},
    {{0xc0,0xf0,0xf2},{0x80,0x90,0x91},{0x80,0x90,0x91},{0x80,0x90,0x91},{0x80,0x8c,0x82}},
    {{0x40,0x7c,0x72},{0x80,0x90,0x91},{0x80,0x90,0x91},{0x80,0x90,0x91},{0x40,0x4c,0x42}},
    {{0xc0,0xe0,0xe0},{0x80,0x80,0x80},{0x80,0x8c,0x83},{0x80,0x90,0x90},{0xc0,0xe0,0xe0}},
    {{0x40,0x6c,0x62},{0x80,0x90,0x91},{0x80,0x90,0x91},{0x80,0x90,0x91},{0x40,0x6c,0x62}},
    {{0x40,0x70,0x72},{0x80,0x88,0x81},{0x80,0x88,0x81},{0x80,0x88,0x81},{0x40,0x7c,0x72}}}};

#int_timer1 //タイマ1割込み処理
void byo(void){
 set_timer1(0xF000);
 output_bit(PIN_A5,count);//モニターLED点滅用
 count++;
}
void disp(void){
 int line,le,i,j,k,ketab0,ketab2;
 //DipロータリーSWの値を読んで、表示する色を決定
 select = (input_a() & 0x1e)>>1;
 if(select!=select_b || keta[0]!=ketab0 || keta[2]!=ketab2){
  for(k=0;k<4;k++){//時計の桁
   for(j=0;j<3;j++){//RGB成分をコピーする
    for(i=0;i<5;i++){//LineDataをコピーする
     if(k==0 && keta[3]==0){
      if(select!=7) table[j][i]=0xff;//最左桁の0サプレス
      else table[j][i]=0;
     }
     else{
      table[j][line_n[k]+i]=~rgbdata[select][keta[3-k]][i][j];
     }
    }
```

第11章 「RGB ドットマトリクス LED」を使った「カラードット・クロック」

```c
    if(select!=7) table[j][blank[k]]=0xff;//指定ラインは　0xff　の空データ
    else        table[j][blank[k]]=0;//白抜きのときの指定ラインは　0　の空データ
   }
  }
  select_b=select;
  ketab0=keta[0];
  ketab2=keta[2];
 }

//コロン(:)の点滅ルーチン
 if(count>2){   //2は1から7なら、何でも良い。また、値を多くすると:の点灯時間が短くなる
  for(j=0;j<3;j++){//RGB成分をコピーする
   table[j][11]=~colon[select][j];
  }
 }
 else{
  for(j=0;j<3;j++){//RGB成分をコピーする
   if(select!=7) table[j][11]=0xff;
   else        table[j][11]=0;
  }
 }

 for(line=0;line<8;line++){
  output_low(PIN_C4);//HC138をdisable
  le=1;
  for(j=0;j<3;j++){//LED 0～2ユニット
   for(i=0;i<3;i++){//RGB
    //74HC373にdata-write信号
    if(j==2 && i==2){
     output_d(0);
     output_high(PIN_C3);
    }
    else{
     output_low(PIN_C3);
     output_d(le);
    }
    //74HC373にdata投入
    output_b(table[i][line+j*8]);
    output_low(PIN_C3);
    output_d(0);//書き込み禁止信号
    le<<=1;
   }//for(i=
  }//for(j=
  //a～hラインに電力供給
  output_c((line<<5) | 0x10);
  delay_ms(1);
 }//for(line=
}
void main()
{
 long value;
 int i,byou;

 setup_oscillator(OSC_32MHZ);
```

「カラードット・クロック」のプログラム

```c
  set_tris_a(0x1f);
  set_tris_b(0x00);
  set_tris_c(0x00);
  set_tris_d(0x00);
  set_tris_e(0xf);//切り替えスイッチ用(入力4ビット)
  setup_adc(ADC_CLOCK_INTERNAL);//ADCのクロックを内部クロックに設定
  setup_adc_ports(AN0);
  setup_ccp1(CCP_PWM);
  setup_timer_2(T2_DIV_BY_16,255,1);//PWM周期T=1/32MHz×16×4×(255+1)
                       //     =0.512ms(1.953kHz)
                       //デューティーサイクル分解能
                       //t=1/32MHz×duty×4(duty=0〜1023)
//割り込み設定
  setup_timer_1(T1_EXTERNAL_SYNC | T1_CLK_OUT | T1_DIV_BY_1);
  set_timer1(0xF000); //initial set
  enable_interrupts(INT_TIMER1);
  enable_interrupts(GLOBAL);

//EEPROMに書き込まれている時刻を読み取る
  if(READ_EEPROM(adr)!=0xff){
   for(i=0;i<4;i++){
    keta[i]=READ_EEPROM(adr+i);
   }
  }
  byou=0;
  while(1){
   //VRの値を読んで輝度を設定する
   set_adc_channel(0); //ADCを読み込むピンを指定
   delay_us(40);
   value = read_adc(); //読み込み
   set_pwm1_duty(value);

   if(count==8){
    count=0;
    byou++; //1秒をカウント
    if(byou<60) goto EX;

    keta[0]++;
    WRITE_EEPROM(0,keta[0]);
    byou=0;
    if(keta[0]>=10){
     keta[1]++;
     WRITE_EEPROM(1,keta[1]);
     keta[0]=0;
     WRITE_EEPROM(0,keta[0]);
    }
    if(keta[1]>=6){
     keta[2]++;
     WRITE_EEPROM(2,keta[2]);
     keta[1]=0;
     WRITE_EEPROM(1,keta[1]);
    }
    if(keta[2]>=10){
     keta[3]++;
```

```
      WRITE_EEPROM(3,keta[3]);
      keta[2]=0;
      WRITE_EEPROM(2,keta[2]);
    }
    if(keta[3]>=1 && keta[2]>=3){
      keta[3]=0;
      keta[2]=1;
      WRITE_EEPROM(2,keta[2]);
      WRITE_EEPROM(3,keta[3]);
    }
  }
EX:
  //時刻設定用ボタンルーチン(早送り)
  if(!input(PIN_E3)){
    keta[2]++;
    WRITE_EEPROM(2,keta[2]);
    if(keta[2]>=10){
      keta[3]++;
      WRITE_EEPROM(3,keta[3]);
      keta[2]=0;
      WRITE_EEPROM(2,keta[2]);
    }
    if(keta[3]==1 && keta[2]>=3){
      keta[3]=0;
      keta[2]=1;
      WRITE_EEPROM(2,keta[2]);
      WRITE_EEPROM(3,keta[3]);
    }
    disp();
  }
  if(!input(PIN_E1)){
    keta[0]++;
    WRITE_EEPROM(0,keta[0]);
    if(keta[0]>=10){
      keta[1]++;
      WRITE_EEPROM(1,keta[1]);
      keta[0]=0;
      WRITE_EEPROM(0,keta[0]);
    }
    if(keta[1]>=6){
      keta[1]=0;
      keta[0]=0;
      WRITE_EEPROM(1,keta[1]);
      WRITE_EEPROM(0,keta[0]);
    }
    disp();
  }

  //時刻設定用ボタンルーチン(コマ送り)
  if(!input(PIN_E2)){
    while(!input(PIN_E2)){
      disp();
    }
    keta[2]++;
```

```
      WRITE_EEPROM(2,keta[2]);
      if(keta[2]>=10){
        keta[3]++;
        WRITE_EEPROM(3,keta[3]);
        keta[2]=0;
        WRITE_EEPROM(2,keta[2]);
      }
      if(keta[3]==1 && keta[2]>=3){
        keta[3]=0;
        keta[2]=1;
        WRITE_EEPROM(3,keta[3]);
        WRITE_EEPROM(2,keta[2]);
      }
      disp();
    }
    if(!input(PIN_E0)){
      while(!input(PIN_E0)){
        disp();
      }
      keta[0]++;
      WRITE_EEPROM(0,keta[0]);
      if(keta[0]>=10){
        keta[1]++;
        WRITE_EEPROM(1,keta[1]);
        keta[0]=0;
        WRITE_EEPROM(0,keta[0]);
      }
      if(keta[1]>=6){
        keta[1]=0;
        keta[0]=0;
        WRITE_EEPROM(1,keta[1]);
        WRITE_EEPROM(0,keta[0]);
      }
      disp();
    }
    disp();
  }
}
```

第11章 「RGBドットマトリクスLED」を使った「カラードット・クロック」

ケース

ここまで、あまり世の中で見かけない「RGBドット・クロック」を作ってきましたが、「ケース」にも少しこだわってみました。

市販のプラスチックケースを使うのも味気ないので、インテリアにも充分に馴染むように、チーク調で仕上げた例です。

使用した材料は、「シナ合板」と「アルミ板」ですが、表面に0.3mmの「チークのツキ板」を貼っています。

このようにすると、非常に格調の高い感じに仕上がります。

「背面カバー」を開けたところ

だいたいの図面を次に示すので、参考にしてみてください。

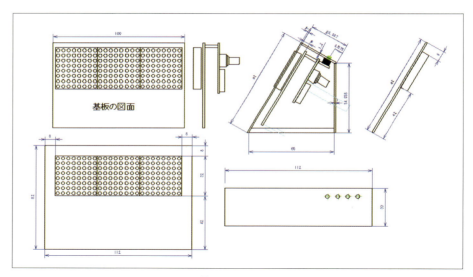

「ケース」の図面

使い方

特別な使い方はありませんが、背面に「輝度調整VR」があるので、適当な明るさに調整できます。

また、青、赤、緑、黄色の「タクトボタン」を押すことで、時刻(時、分)の調整も可能です。

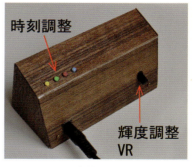

本体背面

第12章 ラーメンオブジェ

プログラム　製作費　約800円

私の家の近くのラーメン店には、大きなラーメンどんぶりから、ラーメンの麺が上下しているという、何とも奇妙な動くオブジェがあります。
仕組みの詳細は不明なのですが、同様なものを作ってみたくなり挑戦してみました。

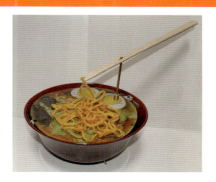

★学習する知識
往復運動メカニズム

製作に使う「どんぶり」

製作には、100円ショップで売っていた、実際の「どんぶり」を使います。

材質はプラスチックです。いくつか加工する個所があるため、プラスチックであることは好都合です。

108円で購入した「どんぶり」

製作に使う「モータ」

動力源に使うのは「モータ」ですが、狭い「どんぶり」の中にメカニズムを入れる都合上、「ギヤBOX」などの減速機構を入れるのは困難です。

そこで、「モータ」単独で動作させられるように、「ステッピング・モータ」を使うことにしました。

利用する「ステッピング・モータ」は、秋月電子で販売している、「ユニポーラ駆動」対応で薄型(15mm)の **PF42T-96C4** です。

第12章 ラーメンオブジェ

実際の制御では、「バイポーラ駆動」を行ないます。

「ステッピング・モータ」は、電池を直接つなぐだけでは回すことができないので、「バイポーラ駆動用のドライブ回路」を作る必要があります。

PF42T-96C4

「ステッピング・モータ」のドライバ回路

ドライバには、東芝の**TA7774**を使います。

このドライバは、「バイポーラ・ドライブ」を行なうための「トランジスタ・フルブリッジ回路」が2組入っています。

これには、「DIPタイプ」と、ピンピッチが1.27mmの「薄型タイプ」がありますが、製作しやすいのは「DIPタイプ」です。

ステッピング・モータ・ドライバ
「TA7774PG」と「TA7774F」

ただ、秋月電子では、執筆時点では、「DIPタイプ」の取り扱いがなく、「ハーフピッチのフラットタイプ(F)」のみになります。

しかし、これは2個で100円とかなり安く入手できるので、電子回路製作に慣れている人であれば、こちらのほうがお得です。

実際に作った回路基板

＊

回路図は、次ページの図のとおりです。

現在(平成28年1月)秋月電子では、**TA7774PG**に代わる**TB6674PG**というものを、1個200円で取り扱っています。

TA7774は、「ステッピング・モータ」の2つのコイルにタイミングよく「＋－」の電流を流してやるための、「トランジスタ・フルブリッジ」の回路が2組内蔵されたものです。

いずれも、モータに流せる電流は「150mA」程度ですが、本章で使う「ステッピング・モータ」の**PF42T-96C4**は、10Vで100mA以下なので問題なく使えます。

そのタイミングの信号は、外部から供給してやる必要があり、信号によって「回

「ステッピング・モータ」のドライバ回路

転数」や「回転方向」を変えたりします。

そのため、その信号も別に作る必要があります。

これには、「マイコン」を使うのが最も安価で簡単なので、「PICマイコン」（**PIC12F629**）を使うことにします。

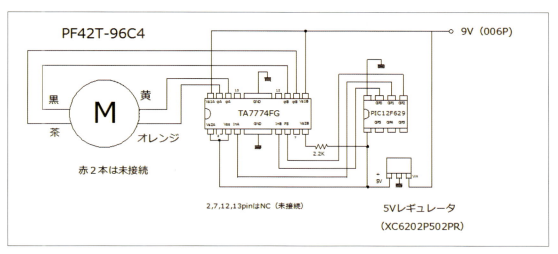

「ステッピング・モータ」のドライバ回路図

「ステッピング・モータ駆動回路」の主な部品表

部品名	型番等	必要数	単価(円)	金額(円)	購入店
PICマイコン	**PIC12F629**	1	100	100	秋月電子
8PIN ICソケット		1	15	15	〃
ステッピング・モータ・ドライバ	**TA7774F** (**TB6674PG**)	1 (1)	50 (200)	50 (200)	〃
5Vレギュレータ	**TA48M05F**など	1	50	50	〃
2.2kΩ抵抗		1	1	1	〃
0.1μFコンデンサ	積層セラミック	1	5	5	〃
電源用トグルドスイッチ	トグル	1	25	25	〃
ステッピングモータ	**PF42T-96C4**	1	400	400	〃
単4アルカリ電池		8	20	160	〃
			合計金額	806	

第12章 ラーメンオブジェ

PIC12F629プログラム

マイコンのプログラムは、**TA7774**に対して次のような信号を入れてやるようにします。

この矩形波の周期を変えることで、モータの回転スピードも変化します。

今回は、「4m秒」程度にします。

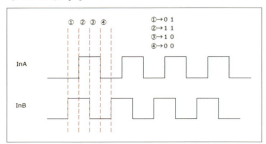

コントロール信号

[リスト15]ステッピングモータ 駆動プログラム

```c
//------------------------------------------------------------------
// ステッピングモータ 駆動プログラム    2015-6-6(Sat)
//   TA7774用
//   Programmed by Mintaro Kanda
//------------------------------------------------------------------
#include <12F629.h>
#fuses INTRC,INTRC_IO,NOWDT,NOPROTECT,NOMCLR
#use delay (clock=4000000)
void main()
{
 int data[4]={0,2,3,1};
 int i;
 set_tris_a(0x0);
 output_low(PIN_A2);//パワーセーブOFF
 for(;;){
  for(i=0;i<4;i++){
   output_A(data[i]);
   delay_ms(8);
  }
 }
}
```

「どんぶり」の加工

次に、「どんぶり」に各パーツを取り付けていきます。

まず、「ステッピング・モータ」のお尻の部分が「どんぶりの底」に当たるので、φ（直径）6mmの穴を開けて、当たらないようにします。

> ※「どんぶり」をしっかり手で固定して、ドリルの回転速度は最低にして作業すること。
> しっかり押さえないと、どんぶりが、ドリル側に引き寄せられることがあるので注意。

「ステッピング・モータ」の取り付け穴

「どんぶりの底」にφ6mmの穴を開ける

次に、「ステッピング・モータ」の図面を正確にCADで描き、印刷して「どんぶりの底」に貼ります。

そして、両端の穴の位置をポンチで「どんぶり」に記します。

次に、φ4mmの「真鍮パイプ」（内径3mm）を長さ「14mm」で切って、スペーサーを2本作ります。

これに3mmのネジを通して、固定します。

> ※「どんぶり」をしっかり手で固定して、ドリルの回転速度は最低にして作業すること。

固定後の状態

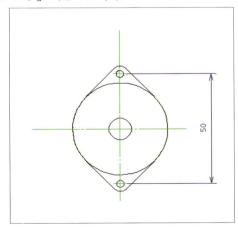

モータ図面

167

第12章 ラーメンオブジェ

次に、「箸」を上下させるための仕組みを作りましょう。

おおまかな図面を、下に示します。

最初に、モータに取り付ける「アタッチメント」を作ります。

回転させる板を「約23度」に傾けるように、斜めにカットします。

長いほうが「約22mm」、短いほうが「15.6mm」で角度を付けて、φ18mmの「アルミ棒」から切断します。

切ったら、次の写真のように、斜めの面を平面に削って整えます。

また、中心にはφ3mmの穴を開けます。この穴は、中心からズレないように正確に開けてください。

中心から大きくズレると、うまく機能させることができなくなります。

この作業を確実に行なうには、「ミニ旋盤」を使うといいでしょう。

金のこで「アルミ棒」を斜めに切断

「アタッチメント」を作る

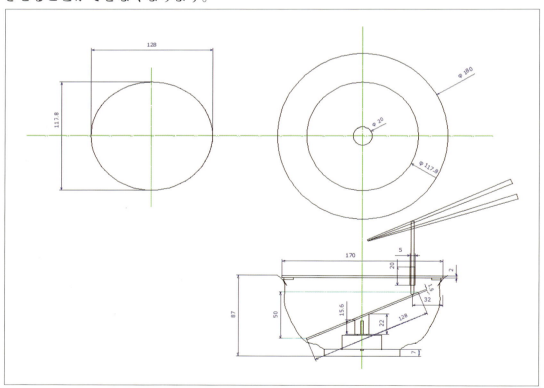

「箸」を上下させる仕組みの図面

「どんぶり」の加工

「アタッチメント」が完成したら、「モータシャフト」に固定するためのφ3mmのネジを切ります。

φ3mmのネジを切る

次に、「アタッチメント」に付ける、「楕円形の円盤」を作ります。

図面は次のとおりです。

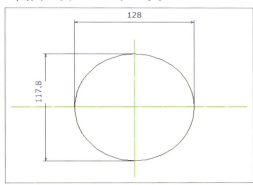

「楕円形の円盤」の図面

材料には薄くても曲がりにくい、0.8mm厚の「FRP板」を使います。

図面を「1/1」でプリントアウトして、材料に貼りつけて、外形線を切っていきます。

最初は普通のカッターでなぞって、表裏から4～5回切り込みを入れます。

その後は、「Pカッター」を使うと、比較的速く切り抜くことができます。

Pカッター

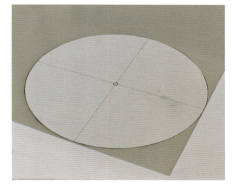

「型紙」を「FRP板」に貼る

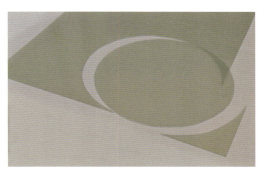

切り抜いた円盤

切り抜いた円盤の中心には、φ3mmの穴を開けます。

そして、先ほど作った、アルミの「モータ・アタッチメント」に「エポキシ接着剤」で仮留めします。

「モータ・アタッチメント」を仮留め

第12章　ラーメンオブジェ

そして、φ1.6mmの下穴を、次の写真のように2箇所に開けて、2mmのネジを切ります。

このとき、ネジは面に対して平行に入れるようにしてください。

（ネジ留めする理由は、モータを固定するときに、この円盤を外す必要があるからです）。

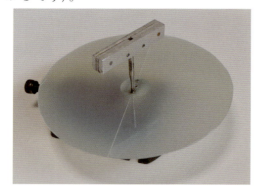

2箇所に2mmのネジを切る

ネジ留めして固定

ネジ留めの際には、接着は外します。

＊

次に、「箸」が上下する動きを支えるパイプを、固定するための「バー」、そして「バーを固定する金具」を作ります。

図面は次のとおりです。0.5mm厚の「アルミ板」を、ポリカーボネートを切るハサミを使って切ります。

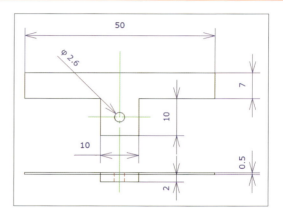

「取り付け用金具」の図面

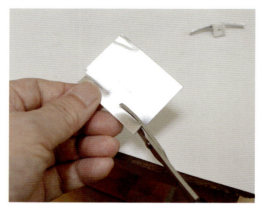

ポリカーボネート用のハサミで切断

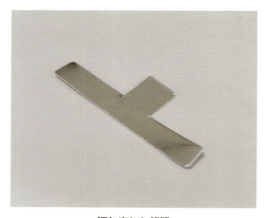

切り出した状態

切り出した直後は、板厚が薄いので多少反っていますが、最終的に「どんぶり」の内面に沿って曲げるので、特に問題はありません。

そして、10mm×10mmの正方形部

「どんぶり」の加工

分には、厚さ2mmの「アルミ板」を10mm×10mmに切ったものを、接着材で貼ります。接着材は、「スーパーX」がいいでしょう。

　接着が固まったら中心にφ2.2mmで下穴を開け、φ2.6mmのネジを切ります。

　さらに、次の写真のように折り曲げて、「どんぶり」の内側に沿うように2つの金具を対面で接着します。

　このとき、「アルミ板」は0.5mmと薄いため、慎重に曲げないと折れてしまうので、注意してください。

　曲げ角度が決まったら、曲げた裏側に接着材を厚めに塗って、補強するといいでしょう。

「ステー固定金具」を接着

ステー固定金具

スーパーX接着材

　そして、接着後は接着材が充分に固まるまで、「クランプ」でしっかりと固定します。

　次に、幅10mm、厚さ2mmの「アルミ板」を、2つの金具に届く長さで切断します。

　そして、金具の穴に合う位置に、ネジ穴より多少大きめの「2.8mm〜3.0mm」の穴を開けます。

「2.8mm〜3.0mm」の穴を開ける

　次に、「箸」を上下する「シャフト」を作ります。

　回転する円盤が接触する部分は、滑りをよくするために、先端を丸く削ります。

　丸く削った先端は、#600程度の細かい「サンドペーパー」で、つるつるになる

第12章　ラーメンオブジェ

ように磨いてください。

　ここが「つるつる」になっていないと、スムーズな上下運動ができません。

　また、実際に動かすときには、この先端部分に注油してください。

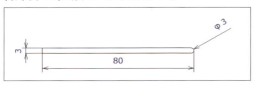

「シャフト」の図面

完成した「シャフト軸受」

先端を丸く削った「シャフト」

　次に、旋盤を使って、「軸受」を作ります。

　もし、旋盤などが使えない場合は、工夫して、同じようなものを作ってください。

　また、φ3mmの軸を通す穴は、3mmでは、スムーズな動きができないので、φ3.1mmのドリルで開けます（この作業も、旋盤で行ないます）。

　この「軸受」は、すでに作ってある「ステー」に固定します。

　「ステー」には、これを固定するためのφ6mmの穴を開けます。

　穴開けの位置は、「ステー」の端から「35mm」のところです。

　そして、「シャフト」は、「バルサ材」で作った「箸」に、先端を接着します。

　（「バルサ材」を使ったのは、なるべく軽くするためです）。

　また、「箸」については、「シャフト」が入る部分をあらかじめ欠き取っておきます。

「シャフト」を「箸」に接着

　「シャフト」を「軸受」に挿すときは注油をして、スムーズに動くようにしてください。

＊

　「ラーメン・オブジェ」を動かすための電池は、充分なトルクを得るために、「12V以上」の電圧を掛けることにします。

　最も安価にこの方法を実現する方法として、今回は、「単4電池」を8本使い、それを直接直列につないで使います。

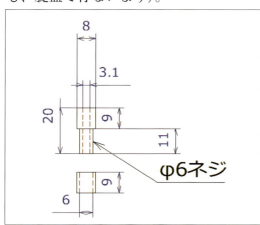

シャフト軸受図面

172

「どんぶり」の加工

スペースの関係上、「電池BOX」を使うことも難しいので、電池の端子に直接ハンダ付けして構成します。

この方法に抵抗がある方は、電源を「どんぶり」の外に置くという選択肢もあります。

ただし、このオブジェの面白さから言えば、電池などが外に見えていないほうがいいでしょう。

この方法で「12V」を構成するには、まず次の写真のように2本ずつ、「＋」と「－」の端子が並ぶように接着します。

そして、片方は、線をハンダ付けして接続します。

直列にした電池を配置

「単4電池」を2本ずつ接着

電池を直列に接続したら、「どんぶり」の底に配置します。

固定には、「セロハンテープ」を使います。

また、「ステッピング・モータ」の制御回路も、「両面テープ」で「ステッピング・モータ」に固定します。

「電源スイッチ」は、適当な位置に「トグル・スイッチ」を取り付けます（写真では、右下、水色の部分）。

最後は、「実物のラーメンの写真」を撮影し、カラープリンタで適当な大きさに印刷して、「どんぶり」の上面に取り付けます。

その後、「箸」に黄色の毛糸を絡めれば完成です。

完成した「ラーメンオブジェ」

実際に動かしてみると、もう少しストロークがほしいところです。

ただ、ストロークを大きく取るためには、ある程度「どんぶり」を深くしないといけないことや、回転させる円板を大きくするためには、モータのトルクも必要になるなどのことから、工夫が必要になってきます。

ぜひ、ストロークを現在の2倍ぐらいにして、迫力のある「ラーメン・オブジェ」の製作にも挑戦してみてください。

索引

50音順

《あ行》
- う 薄型タイプ ……………………………… 164
- え 駅舎 ………………………………………… 49
  - 円盤の軸受（ロープウェイ）…………… 52
- お オーディオ用アンプ ……………………… 37
  - オペアンプ …………………………… 9,36

《か行》
- か 金のこ刃 ………………………………… 134
- き キー駆動コイル（電子金庫）………… 133
  - キーシャフト（電子金庫）……………… 133
  - キースイッチ …………………………… 128
  - ギヤード・ステッピングモータ ………… 42
- く 駆動パルスレート ………………………… 48
- こ 光線銃 ……………………………………… 93
  - 光線銃の標的 ……………………………… 96
  - コイル ……………………………………… 12
  - コモン ……………………………………… 142
  - コンデンサ ………………………………… 90

《さ行》
- さ サーボ ……………………………………… 62
- し 支柱（踏切遮断機）……………………… 80
  - 支柱（ロープウェイ）…………………… 50
  - 遮断機 ……………………………………… 79
  - シャフト …………………………………… 13
  - シャフトベース（ロープウェイ）……… 52
  - 焦電型赤外線センサ …………………… 102
  - シリアル・データ・アウト ……………… 26
  - シリアル・データ・イン ………………… 26
  - シリアル通信機能 ………………………… 23
  - シリアル・ペリフェラル・インターフェイス
    ……………………………………………… 23
  - 人感センサ ……………………………… 102
- す ステージ …………………………………… 11
  - ステッピング・モータ ………… 41,163
  - スピーカーBOX ………………………… 38
  - スペーサー（光線銃）………………… 100
  - スレーブ …………………………………… 26
- せ センサ ……………………………………… 86
- そ ソケット …………………………………… 95

《た行》
- た 大電流ステッピング・モータ ………… 46
- ち 地球ごま …………………………………… 7
- つ 通信プロトコル …………………………… 25
- て 電球 ………………………………………… 89
  - 電子金庫本体 …………………………… 131
  - 電子ごまの仕組み ………………………… 8
  - 電磁石コイルボビン（電子金庫）…… 133
- と ドットマトリクスLED ………………… 140
  - どんぶり（ラーメンオブジェ）……… 167

《な行》
- に ニップル球 ………………………………… 88
- ね ネオジムリング磁石 ……………………… 13

《は行》
- は バー（踏切遮断機）……………………… 81
  - バイポーラ駆動 ………………… 42,163
  - バッテリー ………………………………… 39
  - パラレル通信 ……………………………… 24
  - パルス幅 …………………………………… 63
  - パワーグリッド・ユニバーサル基板 …… 18
  - パワーセーブ端子 ………………………… 45
- ふ フェライト磁石 …………………………… 8
  - フォト・トランジスタ …………………… 96
  - フォト・リフレクタ ……………………… 86
  - プッシュ・オルタネートスイッチ …… 129
  - 踏切 ………………………………………… 83
  - フランジ …………………………………… 13
  - フレネル・レンズ ……………………… 102
- へ ベース板（踏切遮断機）………………… 81
  - ベース板（ロープウェイ）……………… 50
- ほ ホール素子 ………………………………… 8
  - ボールベアリング ………………………… 55

索 引

《ま行》
- **ま** マスター ……………………………… 26
- **も** モータ ………………………………… 41
  - モータBOX …………………………… 49

《や行》
- **ゆ** ユニバーサル基板 ……………………… 10
  - ユニポーラ駆動 ………………………… 42

《ら行》
- **ろ** ロータリースイッチ …………………… 122
  - ロープウェイ本体 ……………………… 55
  - 録音／再生IC …………………………… 17

アルファベット・数字

- ATP3011 ……………………… 23,24,31,104
- DIPタイプ ……………………………… 164
- DIPロータリースイッチ ………… 20,65,123
- DM1088RGB …………………… 143,148
- FDS4935 ………………………… 46,148
- FDS4935A ……………………………… 147
- FET ……………………………………… 14,46
- HG166A ………………………………… 10
- I²C ……………………………………… 23
- ISD1730 ………………………………… 17,70
- LED ……………………………………… 89
- LM358 …………………………………… 14
- LM386 …………………………………… 37
- LT970CUR ……………………………… 83
- MDP35A ………………………………… 46
- NDS9936 ………………………………… 46
- Ni-MHバッテリー ……………………… 39
- NJM386 ………………………………… 36
- PF42T-96C4 …………………… 163,164
- PIC12F629 ……………………………… 165
- PIC12F675 ……………………………… 46
- PIC16F628A …………………………… 20
- PIC16F676 ……………………………… 46,68
- PIC16F819 ……………………… 25,26,104
- PIC16F873A …………………………… 25,26
- PIC18F2221 …………………………… 104
- PIC18F2420 …………………… 25,26,31,110
- PIC18F4520 …………………… 110,144
- PICライター …………………………… 68
- PUSHスイッチ（RGB反射神経ゲーム）107
- PWM …………………………………… 77
- RGBドットマトリクスLED …………… 142
- SCK ……………………………………… 25
- SDI ……………………………………… 26
- SDO ……………………………………… 26
- SPI ……………………………………… 23,25
- TA6674PG ……………………………… 43
- TA7774PG ……………………………… 43
- TB6674PG ……………………………… 164
- TTL ……………………………… 109,128,144
- USART ………………………………… 23
- 10進数 ………………………………… 124
- 2SJ681 ………………………………… 14
- 2SK4017 ……………………………… 14
- 2進数 …………………………………… 124
- 74HC138 ……………………………… 144
- 74HC154 ……………………………… 128
- 74HC32 ……………………………… 128
- 74HC373 ……………………… 109,145,148
- 74LS136 ……………………………… 46
- 8bitラッチ …………………………… 109
- 8MS8P1B05VS2QES-1 ……………… 93

175

[著者略歴]

神田　民太郎（かんだ・みんたろう）

1960 年 5 月　　宮城県生まれ
1983 年　　　　職業訓練大学校　卒業

平成 6 年から 15 年間、「相撲ロボット」競技に参加、オリジナルロボット作りを長く続ける。
専門はコンピュータプログラミングであるが、小型旋盤や小型フライス盤などを使った機械加工や電子回路設計、木工なども手掛ける。
最近は、ロボット以外にも分野を広げ、あまり、世の中に出まわっていないような機器を作ることを中心に製作活動をしている。

[主な著書]

「電磁石」のつくり方[徹底研究]
やさしいロボット工作
ソーラー発電 LED ではじめる電子工作
自分で作るリニアモータカー　　　　　　　（以上、工学社）

[協力]　（株)秋月電子通商

質問に関して

本書の内容に関するご質問は、
① 返信用の切手を同封した手紙
② 往復はがき
③ FAX(03)5269-6031
　（ご自宅の FAX 番号を明記してください）
④ E-mail　editors@kohgakusha.co.jp

のいずれかで、工学社編集部あてにお願いします。
なお、電話によるお問い合わせはご遠慮ください。

サポートページは下記にあります。

[工学社サイト]
http://www.kohgakusha.co.jp/

I/O BOOKS
やさしい電子工作

平成 28 年 1 月 25 日　初版発行　ⓒ 2016

著　者　　神田　民太郎
編　集　　I/O 編集部
発行人　　星　正明
発行所　　株式会社 工学社
〒160-0004 東京都新宿区四谷 4-28-20 2F
電話　　（03)5269-2041（代）[営業]
　　　　（03)5269-6041（代）[編集]
振替口座　00150-6-22510

※定価はカバーに表示してあります。

[印刷]　シナノ印刷（株）

ISBN978-4-7775-1934-7